理论基础
与实践应用

［奥地利］卢卡斯·麦尔（Lukas Meyer）　著

杨通进　董子涵　译

暨南大学出版社
JINAN UNIVERSITY PRESS

中国·广州

图书在版编目（CIP）数据

气候正义：理论基础与实践应用 ／（奥）卢卡斯·
麦尔著；杨通进，董子涵译. -- 广州：暨南大学出版
社，2024. 12. -- ISBN 978-7-5668-4015-8

Ⅰ. P461

中国国家版本馆 CIP 数据核字第 2024HD3874 号

气候正义：理论基础与实践应用
QIHOU ZHENGYI：LILUN JICHU YU SHIJIAN YINGYONG

著　者：［奥地利］卢卡斯·麦尔
译　者：杨通进　董子涵

· ·

出 版 人：阳　翼
责任编辑：曾小利
责任校对：刘舜怡　黄子聪
责任印制：周一丹　郑玉婷

出版发行：暨南大学出版社（511434）
电　　话：总编室（8620）31105261
　　　　　营销部（8620）37331682　37331689
传　　真：（8620）31105289（办公室）　37331684（营销部）
网　　址：http：//www. jnupress. com
排　　版：广州尚文数码科技有限公司
印　　刷：广州市金骏彩色印务有限公司
开　　本：787mm×1092mm　1/16
印　　张：12. 25
字　　数：246 千
版　　次：2024 年 12 月第 1 版
印　　次：2024 年 12 月第 1 次
定　　价：59. 80 元

目　录

第 1 章

导论：气候变化的个人责任

本书收集了笔者以往发表的几篇论文、书籍篇章与一条维基百科词条；这些文字大都发表于 2021—2022 这两年，除了第 4 章（该文最初发表于 2013 年），而该文的论点影响了笔者自那时以来的许多研究工作（第 5、6 章）。① 在这篇导论里，笔者无意去概括本书（其中有 4 篇是笔者与别人合作的成果）在气候正义与气候伦理学方面所做的工作，但是，笔者还是想表明，本书各章的论点与观点是如何与关于气候变化之个人责任的争论紧密相关的。本书各章都没有探讨气候变化的个人责任这一问题。

1.1 气候变化之个人责任的理解框架

毫无疑问，应对气候危机的最好办法是合理的政治 – 经济转型。但是，个人能够也应当通过在日常生活中降低排放来推动这种转型。而且，个人还拥有强大的理由将其排放至少降低到公平份额的水平，即使仅仅是因为，他们降低排放的行为将对那些生活在未来的人们的福祉做出贡献。

就应对持续的气候危机而言，今天的许多行动者似乎都没有履行其对未来世代的代际义务（第 5、6 章）。这一问题需要结合不同的行动者以及特定的行动背景来展开深入的讨论。本章将讨论笔者以前提到的所谓私人生活中的高排放者（high private emitters，指在私人的日常生活中排放数量很高的个人）的排放行为。他们是这样一群人：在其休闲活动中，他们已经排放了远远高于其有资格排放的温室气体数量。

在开始对气候变化的个人责任加以讨论时，笔者做了一个简单的假设：这些

① 非常感谢杨通进教授提出了集结本书的建议，并帮助我筛选了本书的内容。我们于 2018 年 9 月在广西大学相见和认识。杨通进教授是格拉茨大学 2021 年夏季学期的客座教授。同时，我也要感谢我的几位合作者，以及相关的期刊和出版物允许我把某些已经发表过的论文收入本书。我尤其要感谢杨通进教授和他的学生董子涵博士对本书的翻译。

高排放者还没有因其排放行为而受到谴责，因为，到目前为止，这些人都无法准确地获知其排放行为的具体后果（第4、6章）。如果是这样，那么我们就可以说，他们对其过往的行为不负有实质性的责任（Scanlon，1998：ch.6）；换而言之，他们对其前辈的排放行为（作为其前辈追求各自的生活的副产品）不负有实质性的责任。对于其前辈过往的温室气体排放行为，他们不负有法律上的责任。如果他们因其前辈过往的排放行为而受到谴责，那他们就有义务为其前辈所带来的错误伤害提供补偿（第4章）。

即使对当前活着的人们及其过往排放行为做出了这种（无疑是非常宽松的）假设，我们仍然可以提出应对气候危机的个人责任问题。人们有责任改变一种有道德缺陷的社会状态，以便未来的社会状态具有较少的道德缺陷或更加公正。负责任的行动者负有面向未来的义务（future-oriented duties）。人们通常都有义务去缔造和维护一种对所有人来说都具有较少道德缺陷或更为公正的社会状态。在气候变化的背景中，这一点——确保那些生活在未来的人也生活在一个最低限度的正义社会中——也很重要。这些义务反映了这样一种理念：人们都负有面向未来的实质性责任（Scanlon，2008：198-204）或补救责任（Miller，2007b：98-105）。这些义务并不是指个人的因果责任（因导致有害和危险的气候变化而带来的责任）（第4、6章）。斯坎伦（Scanlon）或许也会提出这样的观点：在气候危机的背景下承担实质性的责任意味着，具体的个人不能有任何的抱怨，如果根据某种（与应对气候危机有关的）负担公平分配的原则，他/她不得不接受某些公平的负担：为了确保所有人（包括那些生活在未来的人）都能享有正义的生活条件（第2、3章；Meyer、Stelzer，2018）。

在这里，笔者将讨论作为私人排放者的个人责任，而不是他们在从事其职业活动和扮演其社会角色时所产生的排放责任。笔者认为，作为私人排放者，如果他们能够履行其面向未来的义务，将其排放总量降低至其公平份额（第5章），那么，这至少是他们承担其公平负担的一种方式。如果他们的排放维持在其公平份额的范围内，那么，他们就没有犯下伤害他人的错误。并非所有的人都是高排放者，中国的许多公民都不是。笔者认为，如果人们在开展私人活动时所排放的温室气体数量都维持在其公平份额的范围内，他们就履行了其作为私人的面向未来的义务。在下一节，笔者将表明，基于本书第5章的论点，我们能够确认人们在其休闲活动中的公平排放份额。在1.6节，笔者将讨论，在他人未能履行其义务的情况下，那些履行了私人排放义务的人们是否应当减排更多，而不是只把减排目标控制在其公平份额的范围内。

相应地，在条件具备的情况下，高排放者有义务将排放数量降低到其公平份额范围内。这些条件包括：①我们能够确认他们的排放份额，且能够确认超量排放的具体含义；②我们能够表明，他们的超量排放可能已经对他人构成了伤害；③他们能够知道其超额排放行为可能带来的伤害；④他们能够采取不同的、在道德上更好的行动；⑤采取这些不同的行动所承受的负担对他们来说是合乎情理的。这些条件是他们履行其义务的相关条件。第一，在过去、现在与未来可见的条件下（这些条件将会一直有效，直到人类实现了向净零排放的经济与社会转型），人们在实现自身生活目标的过程中必然会产生排放。因此，问题不是排放是不是被允许的，而是排放多少。第二，我们关注作为人类活动的副产品之一的温室气体的排放，因为这些排放形成了对他人、动物与环境的伤害。换言之，我们有强大的理由关心排放导致的长远社会代价，因为这些排放很可能会损害未来世代的根本利益（第 2、3 章）。第三，如果一个排放数量较高的私人排放者无法知道他/她超量排放可能带来的伤害，那么，他/她就无法对这一有道德缺陷的状态——即他/她不公平地把代价强加给了他人——做出回应。我们无法指望他/她能获得相关的信息。而且，他/她将无法考虑采取不同的、更好的行动，他/她也不会去考虑对其而言什么是合理的负担这一问题。第四，如果一位高排放者能够知道其超量排放所带来的伤害，但是，某些无法克服的制约因素却使得他/她降低其私人排放数量的行为变得不可行，那么，他/她也不能因排放了超过其公平份额的温室气体而受到谴责。因此，他/她就不用承担采取不同的、更好的行动的义务，对其而言什么是合理负担的问题也不会出现。第五，如果他/她能够知道其排放行为的后果，他/她在降低其排放数量时也没有面临不可克服的约束因素，但是，在这样做时他/她将会承担不合理的负担（第 6 章），那么，他/她也不能因为继续排放超过其公平份额的温室气体而受到谴责。

据此，笔者将探讨的第一个主题是：如果个人在其日常生活中所排放的温室气体多于他们有资格排放的公平份额，那么，这些个人所实施的温室气体排放行为至少在道德上是有问题的——只要他们通过其超量排放伤害了他人，他们知道这一后果，他们能采取不同的、更好的行动，这些行动施加给他们的负担是合理的。

笔者将简要探讨的第二个主题是：在日常生活中降低排放数量的行为具有重要的政治意义。履行降低私人排放数量的义务，不仅可以作为一种道德模范行为来鼓励，而且，它还可以降低政府在强制实施气候应对措施时所付出的政治代价；因而，让个人承担应对气候变化的责任还能帮助人们履行这一公民义务：促进人类实现碳中和。

笔者在这里提出的理解个人责任的这一框架，从某种意义上说是基于某种不太理想的现实条件：正是由于现实的条件不理想，个人才应当将其私人排放降低到其公平份额的水平。我们必须避免人们所说的危险的或灾难性的气候变化，避免气候变化所导致对未来世代的基本权利的侵犯（第3、6章）。然而，这将是不可能的——如果温室气体还一如既往地被继续排放，如果温室气体的排放不能在短期内以非常剧烈的方式永久性地降低到碳平衡的状态（第5章）。

降低排放的这些前提条件更准确地在最后一个国际气候协议，即《巴黎协定》（2016年11月4日生效）的第2、4款中得到了表述（UNFCCC，2015a）。然而，《巴黎协定》未能以一种具有约束力的方式来协调各方共同实现这些目标。相反，缔约各方将自行决定它们如何为实现这些目标做出贡献；从总体上看，缔约方这种所谓的国家自主决定的贡献是远远不够的。探讨个人实现其应对气候变化的个人责任的目的之一，就是想在短期内能够把温室气体的排放降低到碳中和的水平，而且，在实现碳中和这一目标时，我们能够不依赖于一项具有约束力的、公平而有效的国际规制来协调各方的努力。

1.2 个人排放的公平份额

根据上述第一个主题，我们需要澄清五个前提条件。如果这五个条件都具备了，那么，个人的排放行为就可以被认为至少在道德上是有问题的。第一个条件是：如果这些人的排放数量超过了其有资格排放的公平份额。个人公平排放份额的确认，取决于尚存的（与《巴黎协定》的目标一致的）碳预算的规模，以及如何在国家之间、国家内部分配全球碳预算。

关于与《巴黎协定》一致的全球碳预算，人们做出了差距较大的各种估价。众多的研究都提到了把全球气温升高控制在1.5℃或2℃的目标；对于新兴的碳排放技术（它们能够极大地降低商品生产和服务供应过程中的碳排放数量）的研发速度，人们也提出了不同的假设；关于人类在未来什么时候能够发展出可以收回已经排放了的温室气体的技术，众说纷纭；在未能实现全球气温控制目标的情况下，人类能够接受多大的风险，人们也见仁见智（第5章）。为展开进一步的讨论，让我们设想全球气温升高应当控制在2℃以内（66%的成功率）。这样（同时依据其他假设），在2017—2050年的转型期，全球还有700亿吨碳排放的预算（见第5章）。这些排放预算必须在各国之间加以分配。

如第5章所揭示的那样，有两种主要的配置机制可用于实现这一目的，即收缩-趋同（contraction-and-convergence）机制和人均分配机制。收缩-趋同机制把各国实际上的人均不同排放水平作为分配的起点，然后以这样一种方式分配尚存的碳预算，以至所有的国家都能达到碳中和的趋同点；最终，各国在转型期将采取不同的步骤逐渐降低其排放。收缩-趋同机制意味着，目前拥有较高排放水平的国家将获得尚存的全球碳预算中的较多份额。目前所享有的排放水平被认为是一个合法的起点，但是，鉴于目前和过去排放水平较高的国家负有特殊的历史－因果责任和道德责任，这一起点的合法性并未得到证明。而人均分配机制则将依据各国在转型期的人口规模来分配尚存的全球碳预算。各国所获得的排放数量，就是其人均排放份额的总和。目前的排放水平与人均分配机制无关。

这两种分配机制本身都不能满足一种最低限度的正义观的规范要求。《巴黎协定》提到了一些这类要求，但是，没有对其具体内涵展开说明，也没有讨论在实践中如何把它们与全球碳预算的分配结合起来。人们关心的是气候危机的历史－因果责任，以及在转型过程中如何消除贫困。如果把这些正义考量用于限定收缩－趋同的分配机制，那我们得到的将是一个意外的全球碳预算分配结果，该结果与尚未得到深入讨论的人均分配结果相同（第 5、6、7 章）。总之，由于把现有的排放水平作为国际分配的起点是得不到合理证明的，而最低限度之平等考量的合理性与相关性又是得到普遍认可的，因而，一种得到这种平等考量限定的收缩－趋同分配进路肯定会好于没有得到这种平等考量限定的收缩－趋同分配进路。

一种在规范上得到更好证明、但是碳预算高排放国家不太喜欢的分配进路，是得到这些平等考量限定的人均分配进路（第 5、6 章）。基于政治可行性的考虑，人们可能会选择依据（得到最低限度平等考量限定的）收缩－趋同进路来分配全球碳预算。无论如何，全球碳预算在国家之间的这种分配在目前看来是较为公平的（第 6 章）。

接下来笔者将讨论，这些结论对于高排放国家的个人排放份额的含义，这里以德国为例：目前，德国的人均碳排放量为 10 吨。根据受限定的收缩－趋同分配进路，2017—2050 年，他们的人均排放量应不超过 4 吨（第 5、7 章）。德国人在"自由的休闲时间"中，即私人休闲活动（这些活动不同于满足基本需求的活动，不同于照顾和维持家庭的活动，不同于工作的活动）中，平均消费了德国碳排放总量的 18.5%（Druckman et al.，2012：155－158）。

根据这些数据，德国的总排放量至少要降低 60%。因此，笔者将提出两个简单的假设：第一，作为其私人休闲活动的副产品，德国人的个人排放至少要平均降低 60%。第二，对每一个人的碳预算的分配应当是平等的。这样一来，在向碳中和状态转型期间，德国人（在其私人休闲活动中）每年人均碳排放的公平份额大约是 740 千克。

私人休闲活动中的这种碳排放限制目标的实现将要求大多数德国人大幅度降低其碳排放数量，部分原因是，他们目前的许多休闲活动属于碳排放非常高的活动。例如，鉴于航空旅行是一种高排放活动，一个德国人从法兰克福乘飞机去土耳其的里维埃拉（Turkish Riviera）度假的活动，就大大超过了他/她的人均休闲活动的年均碳排放总量（Umweltbundesamt Deutschland，2022；Neger et al.，2021：4-5）。从事这种休闲活动就导致了过度排放。

1.3 过度排放导致的伤害

人们的碳排放行为大都带来了有害的后果。然而，个人在追求其私人目标时所产生的数量不多的碳排放是否带来了伤害，这是有争议的。这一问题可以通过考察与个人活动有关的碳排放活动（诸如在阳光明媚的星期天下午开着敞篷车外出），以及个人的碳排放总量（例如，美国人在其一生中的人均排放总量）来评估（Hiller，2011：354-361；Nolt，2011：3-5）。某些学者不仅认为，个人通过其私人排放带来了伤害，他们还试图计算这种伤害。其他学者，即所谓的"个人责任否认者"（关于这一术语，参见 Broome，2019），则否认个人在其私人活动中的排放带来了伤害（尤其是 Sinnott-Amstrong，2005；Kingston/Sinnott-Amstrong，2018）。

尽管存在着非同一性问题，我们还是可以说，当代人的碳排放行为伤害了后代人（参见2.3节）。但是，关于碳排放的伤害问题，人们提出了五个反对意见（尤其是 Broome，2019、2021）。第一，气候变化是一个突发现象（emergent phenomenon），因此，我们不能说，个人的排放（或少量的排放）导致了气候变化以及相应的气候损害，因为个人的排放本身并不具有这些特征（Sinnott-Amstrong，2005：298）。这确实是真的，但是，琐碎的和常规的排放与此无关。确实，少量排放本身（即，如果我们不考虑到目前为止已经发生的排放，如果不考虑已经存在着，而且还将存在许多不同的排放者这一事实）不会导致对气候的损害（由人类活动导致的气候变化所带来的那类损害）。很明显，工业化之前的少量温室气体排放（如果工业化没有发生），确实不会导致人为的气候变化。

关于气候变化的常见理解是，把人类在排放一定数量的温室气体后所导致的气候变化作为讨论气候变化原因的起点，并把气候变化之后的人类排放作为关注的重点；根据对气候变化的这一常见理解，这种观点——个人的碳排放（或少量的排放）不会导致气候变化以及相应的气候损害——是错误的。个人的这些排放确实对气候变化做出了"贡献"。个人排放的不同后果具有高度的不确定性，但是，这并不能改变这一事实：每一个人的排放都对全球气温的升高和气候变化做出了"贡献"。而且，只有通过大幅度的减少排放和限制全球排放，才能降低危险与灾难性气候损害（即超过关键阈值的气候损害）的风险。

这也是对个人气候责任的第二种反对意见的回答。对个人气候责任的第二种反对意见是：少量的温室气体排放并不会导致气候的变化。正如在大多数情况下，每一个个体的选票本身并不会改变选举的结果那样。对于某些选举而言，只有当选举结果非常接近的时候，个人的选票才会对选举结果产生影响。但是，个人的排放行为与此不同，由于在人们的排放数量与气温升高之间存在着较强的正相关关系，而且，个人的排放增加了气候变化达到关键阈值的可能性，因而，每一个个体的排放都会改变排放的结果（Nefsky，2019：5 - 7；Broome，2019：116）。即使可以肯定，鉴于人类已经造成的排放，人类将在可预见的未来无法继续存在下去（Ord，2020：ch. 5），目前的人类排放仍然会改变人类消亡的时间节点，以及人类的消亡对其他生物产生的影响。

我们现在来讨论个人气候责任的第三种反对意见：个人的或少量的排放所带来的改变是非常微小的。但是，即使我们承认这是可能的，我们也必须认识到，由温室气体的排放所导致的气候变化与气候损害将会影响到大多数人。因此，如果把这些损害加起来评估，那么，少量排放对气候变化与气候损害的结果的影响就是非常大的。这并不是说，对许多人的轻微伤害与对一个人或几个人的严重伤害是同等糟糕的，而是说，对许多人的轻微伤害比对一个或几个人的轻微伤害更糟糕——对此，很少有人不同意（Nefsky，2019：8）。

更为重要的是，就气候变化而言，个人排放或少量排放所带来的变化是非常巨大的，尽管这种可能性很小。布罗姆等人在回应"个人责任否认者"的另一种反对意见时就指出了这一点（Broome，2019：117 - 118）。否认个人气候责任的这第四种反对意见的前提是，即使少量的排放能够改变排放的结果，但是，目前放弃某种导致排放的行为并不能带来什么改变，因为，处于排放链条上的人是如此之多，以致一个人停止排放所带来的温室气体集聚过程的暂停很快就会被其他人的排放所打破。然而，由于大气的不稳定性，这一假设——排放相同数量的温室气体所带来的气候损害是相同的，不管它们是什么时候被排放的——是错误的。因此，不同时间发生的温室气体排放行为所带来的气候损害的严重程度是非常不同的。

个人气候责任的第五个反对意见正确地指出，我们不能准确地知道，少量排放是否会带来损害，以及带来什么样的损害。但是，温室气体排放行为所带来的伤害风险是能够加以评估的，只要我们把潜在的伤害当做一个整体来加以考虑，把伤害发生的可能性与烈度考虑进来。针对这些预期伤害的评估，笔者在早前的一篇文章中提出了一种回避风险的弱式充足理论，该理论把防止基本需求得不到满足视为重要的优先事项来考虑（Meyer、Stelzer，2018；另见本书第 3 章）。

我们可以这样来反驳上述五种反对意见：第一种反对意见针对的不是气候变化问题；第二、三、四种反对意见建立在对气候系统的错误假设的基础之上；第五种反对意见对不确定性条件下的行动的意义做出了错误的判断。气候变化既不是一种突变现象，也不是一种绝对现象；相反，就我们在此讨论的气候变化而言，或多或少的气候损害必然会发生，这主要取决于人类目前的排放水平。我们可以肯定，人们通过排放温室气体的个人行为以及在其一生中所排放的温室气体导致了气候变化。

气候的这种变化给人们带来的伤害的准确规模及程度尚不确定；基于不同的数据和方法，人们对此的估算也各不相同。尽管诺尔特认为，每个美国人在其一生中平均给未来世代的两个人带来了严重的痛苦，甚至死亡（Nolt，2011：8 - 9），而布罗姆对此的估计则较为保守，即每个美国人在其一生中排放的温室气体平均使未来世代的一个人的寿命减少了半年（Broome，2021：288）。基于诺尔特的计算，西尔勒认为，排放温室气体的这一单个行为——在阳光明媚的星期天下午开着敞篷车外出休闲——对一个后代人一个下午的生活带来了巨大的伤害（西尔勒没有对伤害的具体含义给出说明）（Hiller，2011），布罗姆则用货币来计算这种伤害，认为开着敞篷车外出一次的排放行为给后代人带来的损失是 1 美元（Broome，2019：111、115）。这些计算遭到许多人的批评（对诺尔特的批评参见Hartzell，2011；Odenbaugh，2011；Baatz，2014）。需要注意的是，布罗姆的观点并不意味着，所有的气候伤害（例如对动物与生物多样性的伤害）都能用货币来加以衡量（Faith，2021）。

1.4　了解这些伤害

人们有义务去了解自身温室气体排放行为（为了休闲）所带来的伤害吗？在许多情况下，在评估人们对自身行为的道德责任时，他们对自身行为之有害后果的无知似乎是一个相关因素。如果一个人确实不知道某个特定行为的后果，或不知道该后果会伤害到他人，那么，我们因为他/她做出了该行为而从道德上责备他/她，这似乎是不公平的（第 3 章）。但是，这是否真的不公平则要取决于那个人是否能够知道该结果，他/她是否因为未能知道该结果而不应该被责难，也就是说，他/她是否应当对其事实上的无知承担责任。人们经常会使用一种假设的标准；换言之，不管一个人实际上是否知道该结果，我们都可以弄清，他/她原本是否应当知道该结果。根据这种观点，对一个人原本应当知道的后果无知，这并不是他能够免除道德责难的理由。

人们究竟应当获得多少关于自身排放后果的知识，我们才能说，他们应当知道气候变化的后果；在什么条件下我们才能说人们对自身温室气体排放后果的实际的无知应当受到责难——关于这两个问题，人们还存在许多分歧（第 3、6 章）。对经济合作与发展组织（以下简称"经合组织"）国家的成年高排放者来说，1995 年是一个明确的时间节点；这些成年高排放者通常都完成了初中教育，已经能够获得相关的知识（气候变化的知识）。当我们说"1995 年以来"时，我们的意思是，我们通常不能要求人们为其在"联合国政府间气候变化专门委员会"（IPCC）1995 年第二次评估报告发表之前所发生的温室气体排放行为承担责任，因为，在那之前，人们对自身温室气体排放行为之有害后果的无知是情有可原的。这第二份报告指出，对各种证据的综合考虑表明，人类行为对气候变化的影响是清晰可见的。IPCC 后来的报告不仅认可了这一结论，而且还十分肯定地指出，人类释放的温室气体明显导致了目前的气候危机（IPCC，2021：4）。

　　然而，下述做法无疑是过分简单化的：试图确定一个时间节点，在这一时间节点之后，我们可以合理地要求所有的行为体都应当拥有相关的知识，人们对其行为后果的无知在这一时间节点之后就应当受到谴责。人们需要一段时间才能意识到问题的严重性。在相当长的一段时期内，不同行为主体（尤其是政府）获得关于其温室气体排放行为之后果的相关知识的能力是大不相同的。对许多人来说，这在今天可能仍然如此。在确认个人（通过其个人排放而侵犯未来后代的根本利益方面）的不同责任时，这一点很重要（Gardiner，2016：111 – 113）。在经合组织国家，今天可能仍有这样一些成年高排放者，他们对气候变化的无知是情有可原的。因而，他们是否因为没有努力降低自身排放而遭受真正的谴责，这至少是存疑的。在这种情况下，他们是不能因为未去考虑这些信息（这些信息对于评估他们的行为来说是相关的）而受到谴责的（Scanlon，2015：108）。正如我在 1.1 节指出的那样，如果一位高排放者无法知道超过其公平份额的温室气体排放所可能带来的伤害，那么，他/她就不可能对这样一种有道德缺陷的状态（在其中，他/她不公平地把代价强加给了他人）做出回应。我们无法指望他/她能够获得相关的信息。而且，他/她也不可能考虑如何采取不同的更好的行动，他/她因此而应承担合理负担的问题也不会出现。当然，对阅读本书的读者来说，不存在不能获得相关信息的问题。

1.5　道德上更好的选择

　　在其他条件相同的情况下，对行动者来说在道德上更好的选择是降低其温室气体排放数量，如果这有可能避免对他人造成伤害的话。在很多情况下，行动者显然都有可能降低其排放。他们可以放弃或停止追求某些目标（例如，开着臭名昭著的高强度排放的敞篷车找乐子）。通常，在追求这些目标时，他们可以用低强度排放的工具（或活动）来代替高强度排放的工具（或活动），尽管并非所有的目标都可以被替代。例如，如果目标是吃一顿美味而健康的晚餐，那么完全可以用以植物为主、主要产于当地的季节性食材来代替以动物为主、生产于国外的食材。而且，某些目标也是可以被替代的；例如，人们可以用在本地区度假来代替需要长途飞行的远距离度假，在本地度假的获得感与远距离度假的获得感是类似的，即使不是完全相同（第 7 章；Meyer、Sanklecha，2011：463－464）。

但是，在对导致温室气体排放的行为和高强度温室气体排放的生活方式进行批评时，我们也应当考虑到这一点（如 1.2 节指出的那样）：个人也拥有用于其私人活动的碳预算。只要人们排放的是他们有资格排放的温室气体公平份额，那么，他们排放温室气体的行为就不应当受到指责，因为，在这样做时，他们只是在消费总的碳预算中他们各自应得的公平份额；这种排放份额与气候控制目标是相容的，也与他们对未来人的义务是相容的（1.6 节）。单一的温室气体排放行为（即使它不是充分的好生活所必需的），是不能被孤立地加以评判的，除非该行为本身消费的温室气体总量，超过了人们在碳中和转型期能够获得的公平份额。因此，我们不能说，个人的温室气体排放行为在道德上通常都是应受到谴责的。这是由于，实施该行为的人所导致的温室气体排放总量并未超出他/她在碳中和转型期所享有的公平份额。该行为者是否应受到谴责，还取决于他/她的其他活动的温室气体排放强度，而不仅仅取决于这一事实：高排放者在碳中和转型期通过无数高强度的温室气体排放行为，排放了远远超过其公平份额的温室气体。

1.6　合理的负担

如果个人排放了超过其公平份额的温室气体，他们就不仅损害了未来人的生活，还压缩了其同代人以及后代人的选择空间。由于在绝对的意义上碳排放预算是有限的（第 5 章），因而，如果我们想使气温升高不超过一定的幅度、想避免气候系统的倾斜效应，那么，当代人能够获得的温室气体排放量就会少于他们应得的公平份额（假如他们不想增加危险的气候变化的风险和严重伤害未来许多人的风险）（第 3 章）。如果其他人没有公正地限制自身温室气体排放，那么，那些将排放量限制在公平份额内的人也无法（即使他们不想）促进气候控制目标的实现，也无法阻止危险的气候变化的发生。仍然存在争议的是，在 1.1 节说明的这些不理想的条件（只有部分人履行了公平减排义务）下，那些履行了其义务的人是否要因为没有减排更多而受到责难。如果某些人或许多人都没有履行其减排义务，那么，那些履行了其义务的人的责任是增加了、减少了还是维持现状？这仍是充满争议的。

一方面，要求负责任的行动者站出来填补那些未能履行其义务的人留下的义务空白，这似乎是不公平的（Murphy，2000；Miller，2011）。这将意味着，那些愿意履行其义务的人的义务不会有什么变化。而且，这对那些愿意履行其义务的人来说，填补其他人的义务空白将是一种不合理的沉重负担，因为他们对自身公平义务的履行已经达到了其合理义务负担的极限。因此，即使在某些情况下，那些愿意履行其义务的人在其他人未履行相应义务的情况下承担了内容更多、要求过高的义务，这些义务对他们来说也是过多的，因而是不合理的。然而，我们对此仍需进一步加以研究。如果这对那些愿意履行其义务的人来说不是过多和不合理的，那么，在气候变化的情景下，要避免严重的气候伤害和对未来人之权利的侵犯，我们就得呼吁那些愿意履行其义务的人承担起额外的负担（因其他人未能履行其义务）（Baatz，2014：13－14；Stemplowska，2016）。

然而，那些未能履行其义务的人的行为，通常加重了那些愿意履行其公平义务之人的负担与代价，即使后者不想承担额外的义务（或不想扩大其义务范围）（Meyer、Sanklecha，2014：374）。对个人来说，如果许多人或所有人都放弃那些需要实施高强度温室气体排放活动才能实现的生活目标，或者采用温室气体排放强度不高的手段来实现这些目标，那么放弃高强度温室气体排放行为以及选择降低排放，并不需要承受太沉重的负担。如果只有一个家庭放弃了高山滑雪活动，那么，这个家庭的成员就不会介入那些与高山滑雪有关的社会活动。这个家庭的这种选择并不意味着其他家庭及其亲友都要放弃这种休闲活动。如果只有几个人坚持低肉饮食，那么，这种食物就会很贵，相应食物的生产也很困难，那么选择外出饮食（低肉）的人会更少。这意味着，在只有部分人履行其义务的情况下，那些愿意履行其义务的人将负有更多降低温室气体排放的义务，因为他们承担了那些未能履行其义务的人的义务；换言之，如果他们有责任也能够承担额外的义务（由于其他人未能履行自己的义务），那么，我们在讨论气候变化的个人责任时就必须把这一点考虑进来：由于其他人未能履行自己的义务，那些愿意履行其气候责任的人在履行其公平义务时已经承担了较为沉重的义务，付出了较为高昂的代价。

1.7 政治运行条件

部分人只履行部分义务的行为，将增加其他人履行其义务的负担和代价。因此，①改变那些目前不履行其义务之人的行为是非常重要的；②创造这样一种条件是非常重要的：在这种条件下，降低排放的义务能够在付出尽可能少的代价的前提下得到履行。国家拥有强制人们履行其义务的权威和权力，这通常意味着，①那些愿意履行其义务的人有理由向立法机构发出明确信号，即立法机构应当制定一套权威的强制履行义务的规制；②国家除了强制人们履行其义务外，还应公平地分配履行义务的负担，这一点很重要。呼吁行动者降低排放的要求，依赖于全社会向低碳社会和低碳经济转型的诸多条件，在这些条件下，行动者能够减少其排放。然而，具有政治权威的机构，尤其是国家，有责任提供这些条件。转型的政治条件制约或影响着政府实现减排目标的时间表、手段以及政府能够提供的支持或补偿。这些条件决定了温室气体减排对个人能力——成功地继续追求其人生计划的能力——的影响究竟有多严重。因此，那些愿意履行其义务的人有强烈的理由来表达这一诉求：政府应当制订出实现碳中和的有效、公平而权威的计划（Meyer、Sanklecha，2011：465－468）。

在决定作为个体的我们应当做什么时，相关的政治权威机构能否采纳和实施有效而公平的规制，其结果是大不相同的（基于上面提到的原因）。这样一种规制，如果被强制实施，将能够决定个人的特定的实质性义务。在这样一种规制的调节下，某些私人活动将得到允许，而其他一些私人活动则不被允许。在这样一种规制被制定出来之前，人们无法知道他们是否被允许继续从事其特定休闲活动。这并不能免除他们的这一义务：把他们的温室气体排放数量降低到一个公平的水准（基于上面的理由）。他们绝对不能假设，他们（在所有人中）将被允许排放更多的温室气体，并以牺牲他人的排放预算为代价（第6章）。直到有效而权威的规制被合法地制定出来，他们都将冒着伤害未来人的风险——通过超额排放——不公正地限制同代人以及后代人的选择空间。

1.8　从私人义务到政治义务

此外，笔者想在此简要加以讨论的第二个主题是，那些努力将其私人排放降低到公平水准（至少在某些条件下）的人，是作为他人的楷模在行动的，从而增加了行为的影响力。他们如何才能成为其他人仿效的对象，这取决于许多因素，而对这一问题的探讨超出了这篇导论的范围。同样重要的是，那些努力降低排放水准的人的行为也降低了政府强制实施应对气候变化政策的政治代价。这是因为，他们向政治领导人传达了这样的信息：他们支持政府提出的把排放数量降低到公平水准的措施，即使这些措施的实施将需要他们调整和改变其私人目标与生活计划。对政治家来说，这是一个非常重要的信息，因为它降低了政治家实施这类措施的政治代价。

而且，那些在追求私人生活计划时降低其温室气体排放量的人，降低了政府强制实施相关措施的代价。对他们来说，相关措施的实施不会使他们付出制裁或动机方面的代价，因为他们不是因为受到各种禁令的强迫或引导才去做政府正在要求或极力鼓励他们去做的那些行为。因此，对个人气候责任的承担还有助于公民履行其促进我们的社会向碳中和转型的义务。

然而，需要强调的是，存在着许多履行政治责任的方式。通过采取降低（而非增加）温室气体排放量的行为，人们能够为碳中和的实现做出更大的贡献。当然，他们是否需要降低，以及降低多少温室气体排放量，这需要具体问题具体分析。在许多情况下，那些涉及额外排放的政治行动或多或少都会允许人们在追求其政治目标时选择那些高强度温室气体排放的政策。人们在追求其私人目标时降低温室气体排放的许多行为，似乎都不会与导致额外排放的许多政治行动相冲突。低肉饮食行为不仅排放的温室气体数量较低，还有益健康；乘火车旅行不仅特别安全，而且与乘坐其他交通工具旅行相比能够极大地降低温室气体排放。因此，那些经常旅行的人应当选择低肉饮食和乘坐火车旅行，这样，他们才能兑现其为实现碳中和做出相应贡献的政治承诺。

结　语

本导论讨论的第一个重要主题（见第 3 页）包括四个要素：①排放了比公平份额更多的温室气体（1.2 节）；②给他人带来了伤害（1.3 节）；③存在认识论方面的责任（1.4 节）；④能够在做出合理努力的情况下避免超过公平份额的排放（1.5 节、1.6 节）。个人在追求其私人目标时的温室气体排放行为也包含了这四个要素。

如果是这样，那么，这类私人休闲活动至少在道德上是有问题的。应当承认，即使在经合组织成员国，私人休闲活动所排放的温室气体数量也低于这些国家排放总量的 20%，因而，人们在其私人活动中的排放行为对这些国家的排放总量的影响也是很小的，即使那些把排放数量降低到其公平份额的人的行为被其他人模仿。然而，基于前述的理由，尤其是，即便是少量的超额排放也会使许多人的根本利益遭受被侵犯的风险（这是受到谴责的），因而，把个人的排放（至少）降低到其公平份额是个人的一项基本义务（1.6 节）。

作为公民，人们负有公平地推动我们的社会向碳中和社会转型的实质性的责任（1.7 节、1.8 节）。根据第二个重要主题，人们履行在日常生活中降低温室气体排放数量的个人义务，有助于这一转型目标的实现。这是因为，履行这些义务的行为能够降低强制实施温室气体减排措施的政治代价。在某些有利的政治条件下，这能够增加人们接受和实施那些推动我们的社会向碳中和社会转型之政策的可能性。当然，这并不排除这种可能性：公民，基于其政治行动，能够合法地排放额外的温室气体（1.8 节）。

因此，在追求其私人目标时，人们负有实质性的义务去将其温室气体排放数量降低到一个公平的水准，从而，作为公民，为碳中和的实现做出贡献。他们负有这样一些面向未来的义务，即使他们没有对当前的气候危机做出在道德上应受到谴责的"贡献"（1.1节）。然而，即使他们对当前的气候危机不负有责任，但是，如果他们未能履行其面向未来的义务，他们也应受到责备。因此，他们要为他们那些受到道德谴责的（而且很可能是有害的）行为负责。在回溯的意义上，他们要为当代的气候危机负责（Scanlon，1998：ch.6）。对当代气候危机负有责任的人需要承担起回溯的义务（backward-looking duties），即基于他们过去的排放行为的义务。这种义务尤其指的是补偿正义的义务（第3章）。对那些原本可以避免却没有避免的气候变化之后果而言，这一点非常重要：我们应尽量确保那些受到这种后果之消极影响的人能够适应其被改变了的生活条件，以保证他们不受到任何伤害。对于他们在适应气候变化的过程中所遭受的损失和伤害，我们应当尽可能地加以弥补和补偿（Wallimann-Helmer et al.，2019）。

第 2 章

代 际 正 义

正义的考虑适用于代与代之间的关系吗？即正义的考虑适用于非同代人之间的关系吗？如果我们遵循对正义的广义理解（Mill，1863：ch. 5），如果未来世代或者过往世代可以被视为对当代人持有合法的要求或权利①，而当代人又承担对未来世代或过往世代的相关义务，那么，未来世代对当代人的一个合法要求就是分配正义：根据对适用的分配正义的相关原则的理解，如果存在代际利益冲突，出于正义的考虑，当代人有义务不去实施一种关于成本和利益的不平等的代际分配政策。

本章主要关注两个问题：首先，出于正义的考虑，当代人对前代人和后代人是否负有义务；其次，其他道德考虑是否应该用于指导当代人与前代人、后代人的关系。关于第一个问题，本章将提出，当代人对后代人而不是前代人负有正义的义务。关于第二个问题，本章将提出，当代人对后代人负有额外的道德义务（不以相关权利为基础的义务），对前代人亦负有道德义务，部分原因来自这些人在世时拥有的权利。本章将论证，考虑到不正义对直接受害者的后代造成的亏欠，过去的不正义具有持久的意义。这些要求都是有争议的，这会在下文的讨论中体现出来。

关于我们亏欠未来世代何种义务的讨论可以追溯到古代（Auerbach，1995：27-35）；古代哲学为代际伦理提供了重要的思想资源和理论洞见（Lane，2012）。功利主义传统的重要贡献有：对于未来有感觉能力之存在物的道德地位的分析（Sidgwick，1907：414），对于最佳储蓄的分析（Ramsey，1928），以及对于生育义务的分析（Narveson，1967；2.2.2 节）。罗尔斯首次在其正义理论中系统地讨论了对于后代人的义务（2.4.4 节、2.4.5 节）；德里克·帕菲特的工作则界定了我们如何能够以及应该如何与后代人相处的难题（2.3 节）。

---

① 在下文中，笔者将谈论道德权利而非合法要求，但是，只要人们明白，拥有一种合法要求就意味着另一个人或人们负有对此要求作出回应的相关义务，那么，这种处理就无关宏旨了。

2.1 代际关系与同代人之间的关系的区别

从表面上看，正义的考虑似乎不适用于代际关系，因为（不处于同一时代的）不同世代的人之间不存在直接的互惠关系（reciprocity）。在不同世代的人们之间，不存在互利协作，也不存在任何交往（Barry，1989：189－203；Barry，1991：231－234；Heyd，2009a：167－176；关于间接和跨世代互惠关系的概念，参见 Gosseries，2009；Mazor，2010 和 Brandstedt，2015，这些概念并不要求最初的贡献者是最终的受益者）。关于当代和处于遥远的过去或未来的几代人之间关系的这一事实，与跨世代关系的第二个特点是紧密相连的：当代人和未来世代的人们之间存在着永久不对称的权力关系（power-relations）。

首先，我们可以说，当代人对生活在遥远未来的后代人行使了权力，例如，当代人创造的各种条件决定了，未来世代在决定不继续当代人的生活谋划时将会付出高昂的成本。通过这种方式，当代人就有效地操纵了未来世代的利益，并且能够成功地使自己这代人的生活谋划得到继承。生活在遥远未来的后代人却无法对当代人造成这样的影响；从这个意义上讲，在当代人和生活在遥远未来的人们之间的权力关系是完全不对称的：遥远的后代人甚至没有对当代人造成这种影响的潜力。类似地，当代人也无法对前代人造成这种影响（Barry，1977：243－244；Barry，1989：189）。

其次，当代人不仅通过影响后代人的欲求和境遇来影响后者的行为，还能够通过阻碍未来世代的利益来对后者行使权力。例如，当代人可以推行一种具有长期负面影响的自然资源政策。在这种情况下，当代人就把未来世代的人们置于无法进行充分选择的风险之中，除非未来世代的人们具备可用的并且有能力使用的技术从而使他们能够适应变化了的环境（Barry，1999；Beckerman，1999；Heyward，2017）。相反，生活在遥远未来的人们根本无法影响当代人的生活，至少在后者活着的时候是这样。尽管如此，这些后代人仍然可能被认为能够阻碍甚至损害当代人或前代人的利益，只要后者对他们死后的未来状态拥有利益或曾经拥有利益。同样地，当代人对生活在过去遥远时代之人们的行为会受到道德上的约束（参见5.3节）。这些权力关系与同代人之间的权力关系截然不同，后者是相对不稳定的，而且会发生变化。

再次，当代人能够影响到后代人的存在本身（后代人是否会存在）、后代人的数量（有多少后代人会存在），以及后代人的身份（哪些人将会存在）。简单来说，后代人的存在、数量、身份都是偶然的，取决于当代人的决定和行为。当代人做出的一个决策甚至有可能导致人类的灭绝（Scheffler，2013；Mulgan，

2015；McKinnon，2017）；人们持续地实施以控制后代人的人口规模为目标的制度化的人口政策（McMahan，1981）；并且，更为常见的是，一对夫妇可以决定到底要不要孩子（参见 2.2.2 节和 2.3.2 节）。除此之外，我们的许多决定对于后代人的生活以及他们的身份都具有间接的影响，因为我们的决定影响着谁会与谁相遇以及谁会与谁一起生孩子。为了解释"不同的选择导致不同的人之出现"的问题，帕菲特接受了关于个人同一性的遗传同一性观点：个人的同一性至少部分是由这个人的 DNA 构成的，因为在创造这个人时，这个人是这个或那个精子使一个卵子受精的结果。因此我们的行为会对后代人的遗传同一性产生影响。我们的行为对后代人的遗传同一性有影响，因为它们影响到后代人将从哪一对特定的细胞中生长出来——任何直接或间接影响人们生殖选择的行为都会造成这种影响。事实上我们的许多行为都会对后代人的受孕时间产生间接影响。例如，如果我们在关于自然资源使用的两个长期政策之间做出决定，我们知道，根据我们的选择，不同的（很可能也是不同数量的）后代人将会出现。例如，欧盟委员会发现，由于伊拉斯谟计划（欧洲共同体大学学生交流行动计划，自 1987 年以来有 300 多万名学生参加），世界上可能产生了 100 多万名婴儿，如果不是他们的父母中至少有一个人参加了该计划，他们中的大多数人很可能不会来到这个世上（European Commission，2014：130 – 131）。

相比之下，当我们做出影响我们同代人的决定时，我们并不会面临是否会导致不同的同代人出现的问题。我们的决定只能通过影响他们（我们的同代人）的生活来影响他们的存在；我们的决定对他们的人数的影响，只限于他们中将有多少人能够生存下去；我们的决定对他们的身份的影响，只限于我们可能有能力改变他们的生活条件、性格和自我理解。当然，我们既无法影响过往世代的人的数量也无法影响他们的身份。

最后，我们对于未来的了解是有限的。虽然我们可以知道过往和现存的人的特定身份，但我们通常无法了解具体的可识别身份的后代人。并不是所有关于未来预测的确定性都会以一种恒定的速度下降（Cowen、Parfit，1992：148）。的确，许多对更遥远未来的预测比对更近未来的预测可能更为准确。例如，预测某些政策将会发生变化或某些资源将会被耗尽，这在更遥远的未来更有可能成为事实。尽管如此，我们无法知道在更遥远未来的人们的具体身份。我们对于未来缺乏确定的了解，这也意味着我们通常只能了解不同的长期政策所造成的一些可能的规范性后果。摆在我们面前的问题是如何评估后代人的权利遭受侵犯的不同风险（McCarthy，1997；Oberdiek，2012；Perry，2014；Meyer、Stelzer，2018）。

我们彼此之间的关系和我们与未来世代或过往世代之间关系的这些差异，引发了一些重要的规范性问题。这些问题如下：第一个问题在于以下这个不可改变之事实的规范性意义，即生活在遥远未来的人们以及已故的人们甚至没有潜力对现存的人们行使权力。根据意愿理论（will theory），一个人想要对另一个人拥有权利，他/她就必须能够对后者的行为行使其权利（Hart，1955：183－184；Hart，1982：183；Wellman，1995：91－92；Steiner，1994：59－73）。然而，非同代人之间不可改变的权利不对称性将排除这种可能性：未来世代的人和已故的人能够对现存的人们提出权利要求（Steiner，1983；Steiner，1994：249－261；Fabre，2001；Ackerman，1980：70－75）。因此，对于意愿理论的支持者来说，对正义的考虑（如本章所理解的）并不适用于代际关系。在接下来的讨论中，我们——像权利之利益理论（interests theory of rights）的支持者那样——将假设，能够行使自己的权利（即要求或放弃执行一项权利）对于权利拥有者来说是既不充分也不必要的。根据这种权利利益理论，当一个人确实拥有一项权利时，该权利就必然能够维护他的一种或多种利益（Kramer，1998：62）。根据本章所预设的对正义的理解，我们将假定，一个人对另一个（处于相关义务之下的）人提出的合法的正义要求，并不取决于他/她能够伤害或惠及另一个人（Barry，1989；2.4～2.6节；Buchanan，1990；Gauthier 1986；Heyd，2009a；Hiskes，2009：9）。本章将探讨在对代际关系的各方面进行规范性评估时正义考量的合法性。

第二个问题涉及的是，后代人之存在的偶然性对于当代人的决定和行为的规范性意义。如果后代人的存在、身份或者数量都取决于当代人的决定和行为，那么在何种程度上可以说前者被后者伤害了？此外，当代人在做决定时会以后代人的利益为依据吗？这些问题构成了所谓的"非同一性问题"（参见2.3节和2.4节）。

第三，我们对于未来的有限了解还意味着，我们通常只能了解不同的长期政策所造成的一些可能的规范性后果。我们应当如何与那些生活在充满不确定性和风险条件下的后代人相处？由于我们最多只知道不同政策所造成的可能的不同后果，我们应该如何评估不同的风险所造成的负担以及为后代人提供的可能的或不确定的利益？[①]

第四，我们可能伤害到前代人吗，我们对他们有义务吗？（参见2.5节）。

第五，考虑到我们既不知道后代人的具体身份也不了解他们的具体偏好，我

---

① 参见，例如 Birnbacher（1988）：140－172、175－179；约纳斯"恐惧的启迪术"概念，参见 Jonas（1979）：63－64；Meyer、Stelzer（2018）；Mintz-Woo（2019）。另一个议题是我们是否有理由在贴现（discount）后代人幸福的意义上贴现未来。例如，参见 Cowen、Parfit（1992）；Broome（1994）；Mintz-Woo（2020）。

们在履行对后代人的义务时拥有怎样的动机?①

　　由于第二个问题和第四个问题对于理解代际正义的可能性来说尤为重要,本章将主要关注这两个问题。在讨论这些问题时,我们需要弄清楚哪些人(或哪些事)需要加以考虑。根据所谓的个人影响论(person-affecting view),一个行为是错误的,当且仅当这个行为对一个现在存在或将会存在的人造成了伤害、将会造成伤害或可能带来伤害(Parfit,1984:363、295-396;Heyd,1992、2014:2-3;Boonin,2008;Roberts,2013)。在代际正义的语境中,我们将评估一个后代人是如何受到了当代人行为的影响的,尤其是当这些行为对于后代人的存在、身份和数量来说属于必要条件时。本章将探讨,代际正义的义务是否可以在所谓"弱个人影响论"(weak person-affecting view)的基础上来理解:在评估一个行为是否有害或者错误时,重要的是该行为对特定的当代人或后代人做了什么,而无须考虑该行为是否使得现存或将来存在的某个人的处境变得更差,亦无须通过说明那个人之前的处境如何更好来证明他现在受到了伤害。关于一个后代人是否会因为在某些条件下出生而受到伤害或损害的问题,我们既不能通过比较此人没有出生时的境遇(即与此人从未存在的状态进行比较)来加以判断,也不能通过说明此人的处境将变得更好(如果当代人采取了不同的行动)来加以判断。从未存在的人与可能存在的人无须加以考虑,只有那些在某个特定时间将会实际存在的人才应纳入考虑的范围。

　　这种"弱个人影响论"与"强个人影响论"形成了鲜明的对比;根据"强个人影响论",当且仅当一个人的境遇比他/她原本应当面临的境遇更糟时,该行动或行为才会对其造成伤害。"弱个人影响论"和"强个人影响论"都不同于"非个人影响论"(impersonal-affecting view),根据非个人影响论,事态的价值不能被还原为其对于实际存在的个人利益的影响。目前活着的人应当致力于创造这样一种状态:在其中,与道德相关的更多价值将得到实现,无论谁将生活在该状态中。许多学者声称,对于代际伦理的合理理解必须是"非个人性的",或必须把个人影响论与非个人影响论结合起来[Harris,1992:94-95;Singer,1998;Buchanan et al.,2000:249;Harman,2004:101-102;McBrayer,2008:304;Holtug,2009:71-92;McMahan,2009:49-68;Temkin,2012:313-362;Williams、Harris,2014:347;Heyd(2014)对于 Parfit(2011)的解释;Parfit,2017]。个人影响论与非个人影响论的区别将会在2.2.2节加以讨论;2.3节将讨论代际义务,该义务表明,从正义的角度看,我们对后代人究竟亏欠何种义

---

　　① 部分由于这些特点,以及目前活着的人和生活在遥远未来世代的人之间权力关系中不可改变的不对称性,要求目前活着的人履行其对生活在遥远未来世代之人的义务很可能不太现实。参见 Birnbacher(2008)。

务；2.4.6节将讨论基于权利的代际伦理学的局限。

本章讨论并且捍卫对于代际正义的这样一种理解，这种理解的特征在于以下两组主张。首先，关于目前活着的人和未来世代之间的关系，我们将会讨论以下主张（2.2节~2.4节）：当我们考虑的是我们对后代人之利益的可能伤害与对后代人之权利的可能侵犯时，这一事实（或偶然性）——后代人的数量和具体身份取决于我们的决定——并不重要；对正义的考虑，即后代人对目前活着的人所提出的福利权利，可以指导我们选择不同的长期政策；这些考虑还可以指导未来的父母的这类决定：他们是否应该出于对所生子女的关怀而修改他们怀孕的决定（2.2节~2.3节）；代际正义将会反映出或至少部分反映出某种充足主义的正义概念（2.4节）；许多人共享的对于未来世代的重要关切不能仅仅被理解为对后代人的正义义务；相反，它们反映了其他的正义考量或伦理考虑；这种关切还涉及人们如何理解把自己视为跨世代政治组织和共同体之成员的意义（2.4.6节）。

其次，关于目前活着的人与过往世代之间的关系，我们将会讨论以下主张（2.5节）：可以说，目前活着的人受到了历史上之不正义的消极影响，尽管这些不正义是过往世代之人得以存在并拥有其身份的必要条件；假如对不正义的消除是可能的，那么，我们需要弄清楚，不正义在某个特定事件中是否出现了以及在何种程度上出现了；即使我们持有这样的观点——非同一性问题排除了现存的人成为历史上不正义的间接受害者的可能性，或者说所讨论的历史不正义已经被消除了——但是，由于更早世代的人们对过往的受害者所犯下的错误，目前活着的人对已故的受害者仍然负有义务。

2.2 未来世代相对于当代人的权利

根据个人影响论，如果（并且只要）后代人拥有利益与正当要求，或拥有针对目前活着的人的权利，那么未来世代是重要的，需要纳入正义考量的范围。然而，一些哲学家对这种观点持完全否认的态度。除了基于"非同一性问题"的反对理据，我们至少还可以区分出四种用于否认未来世代拥有针对当代人之权利的理据。第一种理据基于这一种事实，即后代人将会生活在未来。根据第二种理据，要使后代人拥有针对我们的权利，我们就得赋予他们一种存在的权利。根据第三种理据，我们的认识论境况（epistemic situation）使我们无法与作为个体的后代人相互交往。本节还将探讨第四种理据，根据这种理据，我们不能说，后代人拥有针对当代人的权利，因为后代人不能对当代人主张这些权利，更不能因当代人不履行相关义务而对当代人加以制裁。正如下文将说明的那样，这一理据预设了一种关于作为权利拥有者之必要条件的明显有争议的观点。

我们希望在讨论后代人存在之偶然性的相关性之前排除这些怀疑论的疑惑——在"非同一性问题"的主题下，这个问题一直是关于代际正义之基础哲学研究的核心（2.3 节～2.4.3 节）。笔者将通过探讨一种对代际正义语境中的个人影响论之特定批评来引入这一核心问题（2.2.2 节）。一些人认为，个人影响论无法解释人们普遍持有的这种信念：如果即将出生的人无法达到足够好的（或体面的）福祉（well-being）水平，那么，他们就拥有不被带到世界上来的权利。

2.2.1　对于后代人拥有权利的疑问

首先，仅仅基于后代人将会生活在未来这样一个事实，一些哲学家否认后代人能够拥有权利（或正义的要求）。考虑以下主张："根据定义，未来世代目前尚未存在。因此，他们现在无法成为现存的任何事物（包括权利）的拥有者或者主体"（De George，1981：161；Macklin，1981：151–152；Beckerman、Pasek，2001：14–23；Herstein，2009：1180–1182）。然而声称我们能够侵犯后代人的权利并不暗示着，后代人现在就拥有权利（Partridge，1990：54–55，他认为后代人现在就拥有权利）。只有在承认唯独目前存在的权利才能限制目前的行动时，这种暗示才会成立。但是我们完全可以假设，第一，后代人将会在未来成为权利的拥有者；第二，后代人拥有的权利将会由他们拥有的利益来决定；第三，我们现在的行为和政策能够影响后代人的利益。如果我们能够通过阻碍一个人的利益来侵犯这个人的权利，并且如果我们能够如此严重地阻碍后代人的利益，那么，我们就能够侵犯后代人在未来的权利（Hoerster，1991：98–102）。因此，后代人在未来的存在本身并不足以成为我们现在不能侵犯其权利的理由。

其次，我们并不承诺这样一种主张，即如果我们现在能够侵犯未来世代的权利，那么我们侵犯的就是他们存在的权利（rights to existence）。声称任何人都拥有存在的权利，这是令人难以置信的，因此，声称后代人拥有存在的权利也是令人难以置信的。此外，当我们阻碍了一个人的存在时，我们并未因此而伤害这一潜在主体的假定利益。所以，声称真实存在的后代人拥有针对目前活着的人的权利，这并不必然要求我们主张：可能存在的后代人拥有存在的权利。

我们现在的行为受到未来世代之其他权利——这些权利基于存在之外的其他利益（如生存的利益）——的限制吗？只有在将权利赋予人民（people）却不赋予个体的情况下，这才是有可能的（Herstein，2009：1180–1182）。然而，缺乏关于作为个体的后代人的特定知识，这并不妨碍我们把福利权利——如生存的权利（rights to subsistence）——赋予他们。①

在考虑目前活着的人应该采纳哪一种自然资源政策时，我们不可能被这种义务——对生活在（遥远）未来的、具体（基因上可识别）的人们之义务——所引导。然而，认可这一事实并不意味着，我们对于后代人没有义务。这只意味着，这类义务并不依赖于未来人的特定身份。毋宁说，这类义务将基于这一事实：后代人是人。换言之，他们具有人类的这类属性，这些属性允许并且要求我们从道德的角度把他们当作我们的同胞（能够追求他们自己幸福的同胞）来交往。在评估一项自然资源政策时，我们完全可以设想后代人将会存在，我们作为人类对他们负有义务，尤其是这一义务：确保他们能够获得生存所需的手段。如果我们认为，只有当其基本需求得到满足时，人们的生活才能达到最低的门槛，那么，人们的基本需求就应当得到满足（参见 2.4 节）。我们现在能够比较准确地预测，我们目前的行为将会对未来世代获得这种满足产生何种影响。为了避免"危险的"气候变化，需要停止使用化石储备（已知的经济上可开采的资源），也即需要搁浅这些资产（Jacob、Hilaire，2015）。如果这些地下储备被开采而非被留下，这将会对后代人的生存权产生影响。换句话说，资源消耗政策大大增加了侵犯许多后代人基本权利的可能性（IPCC，2014：10 - 17），这一原则上可以避免的后果给后代人带来了严重的风险（Caney，2010）。如果存在着仅仅基于人性的生存权利，那么，相比于生存在我们的保护政策之下的人们，那些生存在我们的资源消耗政策之下的人们之权利将更容易被侵犯（这里假设后代人的数量是恒定的）。基于对权利的考虑，我们将不选择资源消耗政策。正如 2.3 节所示，对权利的考虑能够引导我们的政策和行为，这些政策和行为将影响未来人口的构成；这一论点依赖于这样一种伤害概念，这种伤害并不取决于这两种状态——潜在的受害者的状态与此人在伤害行为未出现时的非事实状态——之间的比较。

2.2.2 "非存在"的权利？

如果父母能够知道，自己的孩子（如果出生的话）的生活无法达到福祉的某些相关门槛，那么我们是否可以说，这些即将出生的孩子拥有这样一种利益，即他们的父母不要把他们生出来？（关于福祉之门槛概念的意义，参见下文 2.3 节、2.4 节。）约翰·密尔赞同忽略生育义务的观点，即：除非所生下的孩子"至少有过上合意生活的一般机会"，否则就不该生下这个孩子（Mill，1859：301 - 304）。这个信念得到了广泛认同，即在某些条件下，基于即将出生的孩子

---

① 关于后代人拥有针对目前活着的人的福利权利的充足主义解释，参见 2.4 节。

所面临的可预见的困境，准父母应该放弃生育。反生育主义者认为，放弃生育的这些条件都是成立的（Schopenhauer，1851：vol. 2，ch. xii，§149；Cioran，1978：117；Horstmann，1983：99 – 101）。最近，大卫·贝纳塔（Benatar，2006：ch. 2）论证道：新生命的出生总是蕴含着这个生命遭受显著伤害的可能性，因此我们应该放弃生育。

　　自从纳维森的《功利主义与新世代》（*Utilitarianism and New Generations*）这篇开创性的论文发表以来（Narveson，1967；另见 Narveson，1973），许多人已经加入关于这一问题的争论中来：个人影响论是否可以解释生育义务的非对称性（Parfit，1976；Feinberg，1984：101；Feinberg，1986；Mulgan，2006；Rivera-López，2009）。所谓的不对称性指的是：虽然准父母没有义务基于未来孩子之可能的利益而生育，但他们有义务不把那些生活将会很悲惨的孩子带到这个世界上来。

　　一些人认为，认可这种不对称性与个人影响论是不相容的，尤其与这一主张——可能存在的人并不拥有针对我们的存在权利——不相容。[①] 在此区分准父母的两种不同考量是有帮助的：一种考量涉及某个未来可能存在的孩子（a possible future child），一种涉及其未来的孩子们（their future child）（Govier，1979：111）。举例来说，在决定不生育时，人们并没有伤害到那些他们（如果决定生育）原本会生下来的孩子（参见 2.2.1 节），因为这些孩子仅仅只是可能的个体。因此，关于是否生育一个孩子的许多考量涉及的都是那些现在活着的人们之利益；是否把孩子生出来——这影响到的是那些实际活着的人们的生活（Heyd，1992：96 – 97；Roberts，2009）。然而，人们可能会基于他们未来的孩子的福利来做出生育的选择；也即，这个尚未存在的孩子自己的福利将会成为考量的重点。如果一对倾向于生一个孩子的准父母现在得知这一点——假如这个孩子被生下来，孩子的生活将会低于福祉的某个特定门槛——那么，他们就应该考虑他们的行为将会对他们的孩子所产生的影响，并可能最终决定不生育这个孩子。[②]

　　对上述这种不对称性观点的反对意见尤其涉及这种主张，即在做出生育孩子的决定后，准父母（基于对其可能的孩子的关心）应当改变其决定，如果他们

---

　　① 参见 Heyd（1992）第 1 章和第 4 章。在某些情况下，后代人是否拥有不存在的权利，这是"错误地到来的生命"情形的核心问题。这种情形不同于"错误地出生"和"错误地怀孕"的情形。后两者分别涉及父母不生下有缺陷的孩子和不发生意外怀孕的利益。"错误地到来的生命"情形涉及儿童在某些情况下不被生出来的利益。

　　② 关于如何理解福祉的相关门槛，参见 2.4 节。为了界定这样一个门槛，我们没有必要比较下述两种状态的价值：一个人来到这个世界并过着一种达不到福祉门槛的生活；这个人没有来到这个世界。

了解到，他们未来的孩子将过着一种低于福祉门槛的生活的话。在这种情况下，准父母为什么应当基于对其孩子的考虑来调整他们的决定呢？原因在于他们将会伤害这些孩子，因而他们把这个孩子生出来的行为是错误的。在这里，伤害他们未来的孩子，就是对这些孩子做出了错误的行为。如果准父母得知，他们的孩子将过着一种低于福祉门槛的生活，那么，他们就应当放弃生育，因为他们将会由于把这个孩子生下来而对这个孩子造成伤害。通过把一个孩子带到这个世界来，准父母能够使这个孩子受到伤害。

这一主张被认为是与个人影响论不相融的（Heyd，1992：102、105－106、241－242）。2.3 节将会区分两种伤害的概念。第一种概念依赖于对同一个人的现实状态与非现实状态（或历史状态）的对比。第二种概念并不依赖于这种对比。这两种伤害概念都要求我们思考这样的问题：对于谁来说这种行为是更糟糕的？虽然这两种伤害概念都反映了上文所说的个人影响论，但是，只有第一种伤害概念满足了帕菲特关于"两种状态"或"同一人的境遇变得更好或更糟"之要求的强式条件："只有当我们导致某人比他那时原本会有的境遇更好或更坏的时候，我们才有益于他或者伤害了他。"（Parfit，1984：487）。后代人的偶然性通常意味着，两种不同的行动或行为方案所带来的不可能是同一个人。正如2.3.2 节所表明的那样，在应用第二种伤害概念时，声称我们能够通过让一个人出生来对他造成伤害——这并不意味着我们需要将低于某个门槛之生活的价值与非存在（或与另一个人或其他人原本有多好）的价值进行比较。

假定这个人会受到伤害，那么，为什么把他生下来就是对他（如果这个人有了一种值得去过的生活）做了一件错误的事情呢？如果我们依据权利来界定福祉的门槛，那么，我们可能会认为这个人将放弃这些权利（这些权利是他出生后才获得的），因为可以假定，这个人更倾向于活一回而非从未来过世间。如果我们依据个人影响论来考虑这个议题，那么我们可能会认为，把这样一个人——他有一种值得过的生活，尽管其生活低于福祉的门槛——生下来是一种无错的伤害行为（wrongless harm-doing）（Harris，1992：94－96；Williams、Harris，2014：347－348）。

这个人将会放弃他/她的权利——这一假设的事实显然不能回答这一问题：把他/她生下来是不是对他/她做了一件错误的事情（Harman，2004：89－101；Liberto，2014：79－80）。一个人可以合理地抱怨把他/她生下来的行为，尽管他/她并不希望该行为不发生，尽管他/她将处于受到损害的状态（Heyd，2014：4－5），尽管他/她享有一种值得过的生活。

让一个人在一种受到伤害的状态（依据关于幸福的某种门槛概念）中出生是错误的——这一观点意味着，这个人的境遇比他/她应有的境遇糟糕。这个人将会拥有一种值得过的生活，这并不能为下述行为提供充足的理由：把这个人生下来并让他/她生活在一种受到伤害的亚门槛状态①中。这一论点的理据并不依赖于这样一种比较：如果我们不让这个人出生或让其以不同的方式行动，这个人或其他人的境遇将会有多好（Harman，2004：101－102；McBrayer，2008：304；Woollard，2012）。从个人影响论的角度看，这个理据并未表达这样的观点：即如果这个人从未来过世间，那么他/她的境遇会更好；这个理据也没有表达这样的观点：我们应该让另一个生活水平高于福祉门槛的人出生，或我们应当让生活水平高于福祉门槛的人的数量最大化。相反，如果我们面临的是这样一种选择：或者把一个其生活有意义但其生活低于福祉门槛的人生下来，或者把一个其生活有意义但其生活达到或高于福祉门槛的人生下来，那么，上面的这个理据反对的就是第一种选择，但它也不支持第二种选择。这就是我们基于弱个人影响论以及伤害的门槛概念能够给出的论证。

需要注意的是，人们也可以从非个人影响论的角度来为生育义务的不对称性进行辩护。根据非个人影响论，事态的价值不能还原为这些状态对个人利益的影响。从非个人影响论的角度看，人们没有必要主张，准父母需要出于对其将会生下来的孩子的考虑而放弃生育。以这种观点为基础，对生育义务之不对称性的其他两种解释在学术界得到了讨论。基于消极后果主义，人们可以认为，如果当代人依据这样一条行为原则——对痛苦的防止优先于对美好和幸福的创造——来行动，那么，世界将会变得更好（关于这种解释存在的问题，参见 Heyd，1992：59－60）。基于非个人影响论的进路，人们也可以认为，我们负有一种（通过生育更多其生活将会幸福的后代）增进总体幸福的初始义务——然而，这种义务可能比不造成伤害的义务更容易被推翻。帕菲特深入地探讨了后一论点所包含的悖论。②

2.3　后代人的存在取决于我们的决定，这种偶然性导致他们没有权利吗

质疑后代人拥有针对当代人之福利权利的主要理由是，后代人之存在的偶然性取决于当代人的决定和行为。当然，我们知道，当我们伤害后代人的利益并且侵犯他们的权利时，有特定的人们被伤害了。但是，我们所做的决定却是这群在基因和数量方面都受到限定、且在未来某个时间点来到世间的人们之存在的必要条件。所谓的"非同一性问题"预设了这一事实，并将该问题理解为对代际正义之可能性的挑战。

---

① 指低于福祉门槛的状态——译者注。

② 参见 Parfit（1984）第四部分，尤其是第 17 章；关于帕菲特的贡献，参见 Ryberg、Tännsjö（2004），以及斯坦福哲学百科词条"令人厌恶的结论"的条目。

2.3.1　对"非同一性问题"的回应

让我们考虑这样一种选择：为了增加目前活着的人的福利而采取一种对可耗尽资源进行密集和广泛（intensive and extensive）使用的政策。如果有人批评该政策伤害了后代人，理由是该政策可预见地恶化了后代人的生活条件，并因此侵犯了后代人的福利权利，那么，该政策的辩护者将会如此回应：我们的许多行为（如果不是全部行为）不仅会（间接地）影响到后代人的生活条件，还会影响到后代人的构成，即影响到后代人的数量、存在和身份。[①] 那些据说伤害了后代人的行为也是如此。如果不实施所谓的有害行为就无法使所谓的受伤害的人来到世间，那么，就不能说这个人受到了该有害行为的伤害——至少根据对伤害的一般理解是如此（Meyer，2003：147-149、155-158）。

对伤害的一般性理解受到了两个概念的影响，即关于伤害的历时性概念，基于与历史基线的虚拟对比来加以确定的伤害概念（以下简称"关于伤害的虚拟-历史性概念"）的影响。[②] 伤害的历时性概念和虚拟-历史性概念得以成立的前提是，作为个体的受害者的存在独立于伤害的行动或政策。历时性的伤害概念主张：

Ⅰ.（历时性）在时间点 t_1 的一个行为（或不作为）[③] 伤害到某人，仅当行

---

① 值得指出的是，似乎至少有一些后代人的存在和身份完全独立于我们的行为（尽管在公共政策选择的情况下，这种主张可能是不合理的）。例如，现在有某个人设置了一个将会对一些后代人造成伤害的陷阱。实施这个行为可能会伤害到后代人的身体，而这些后代人可以过一种不受这个人的陷阱设置行为所影响的生活；这些后代人的存在取决于这个人的陷阱设置行为，但是，这些后代人存在的这种偶然性并不能使这个人的陷阱设置行为免受道德谴责。关于我们亏欠后代人何种义务的讨论都集中在帕菲特所谓的"同一人群选择"（same people choices）的决策情景（Parfit，1984：355-356），在这种决策情景中，我们假设后代人的存在、身份和数量不取决于我们的决定。

② 关于区别，参见 Parfit（1984：487-490）、Woodward（1986：818）、Morreim（1988：23）、Fishkin（1991）、Fishkin（1992：63-64）、Shiffrin（1999）。关于这些伤害概念的措辞参见 Pogge（2003）。

③ 某些类型的不作为（inaction），即疏忽（omission），可能是有害的，对这种观点的辩护，参见 Feinberg（1984）第4章、Birnbacher（2014）第3～5章。

为者导致（促使）受害人在更晚的时间点 $t_2$①的境遇比他/她在时间点 t_1 之前的境遇更糟。

　　根据伤害的虚拟－历史性概念，伤害的相应必要条件是：

　　Ⅱ.（虚拟－历史性）在时间点 t_1 的一个行为（或不作为）伤害到某人，仅当行为者导致（或促使）此人在更晚的时间点 t_2 的境遇比他/她在时间点 t_2 没有受到行为者的影响（或被行为者的行动涉及）时原本应有的境遇更糟。②

　　当把未来的个体视为可能的个体时，关于伤害的历时性和虚拟－历史概念将排除当代人伤害后代人的可能性，因为在当代人做决定的时候，那些利益和权利需要得到尊重的（后代）人并不处于特定的福祉状态中——他们在那个时候并不存在。但是，根据Ⅰ，除非我们能够证明，在我们做出决定时，即在 t_1 时，这个人处于一种特定的福祉状态中，否则，我们就不能说，由于我们在 t_1 时做出的决定，使这个人在 t_2 时的境遇更糟。同样，根据Ⅱ，除非我们能够证明，存在着某个特定的个人，如果我们在行动时不以尊重的方式对待他/她，那么他/她在 t_2 的境遇将会比他/她在 t_2 的实际境遇更好——否则，这个伤害的概念就没有任何意义。

　　在选择那些将会对后代人的生活质量产生不同影响的长期政策时，如果我们依据的是伤害的历时性概念或虚拟－历史性概念，那么，就能排除我们伤害后代

---

　　①　这种表述可能会误导人们，认为我们所说的 t_2 是指一个人生命中的某个时刻。毋宁说，本章所区分的伤害概念应该被理解为允许对福祉的计算单元进行不同的解释（例如，计算的单元可以是受影响的人的整个生命或者其未来生活的某个阶段）。关于如何解释和衡量人们的福祉的讨论，参见 Griffin（1986）第 1 部分、Hurka（1993）第 6 章、Scanlon（1998）第 3 章。

　　②　"以尊重的方式对某个人采取行动"包括了那些把这个人带到世间来的生育行为。很难把这种生育行为理解为互动。"我们与这个人根本没有互动（或我们并没有对这个人采取行动）"这一表述要优于高蒂尔的这一表述："在与后代人交往时我们是完全缺席的。"（Gauthier，1986：203－205）这两种表述都有问题，详细讨论它们各自的问题超出了本书的范围。高蒂尔认为，他的表述在讨论这种情景时遇到了困难：一个人被假定承担了某种社会角色，例如，救生员的角色在某种程度上是根据他对其他人的积极义务来界定的。如果一个人承担了这样的角色，那么，在他有义务干预的情景中，他的"缺席"就会使其他人的处境变得更糟（Gauthier，1986：205）。根据我们青睐的前一种表述，我们似乎可以认为，对这种角色的承担确实包含了"互动"的因素，即承担该角色义务的人与其义务对象之间存在着一种互动关系。

人的可能性。对于其存在取决于所谓的伤害行为的人们来说，他们的境遇不会因为这一行为没有被实施而更糟（或者更好）。因为在那种情况下，他们根本就不会存在。

对于这样被理解的"非同一性问题"来说，我们可以区分出四种主要的回应（对比 Boonin，2008：134；Page，2008；Heyd，2009b；Roberts，2013；Wrigley，2012：178）：首先，一些哲学家认为，其存在取决于当代人行为的后代人不具有针对当代人行为的权利（Schwartz，1978；Adams，1979；Kavka，1982；Parfit，1984：第 4 部分；Boonin，2008；Roberts，2009）。其次，一些人认为，当代人能够侵犯后代人的权利，即使前者无法伤害后者（Kumar，2003）。如果是这样，后代人无法拥有针对当代人的福利权利，因为侵犯福利权利意味着阻碍或伤害权利持有人的利益。再次，通过把相关的行为仅仅理解为这样一些行为，这些行为不仅可能是而且的确是受影响之后代人之存在的必要条件，我们就能降低"非同一性问题"的实际意义。① 最后，通过提出了另一种不受"非同一性问题"影响的伤害概念，即所谓"伤害的门槛概念"，一些人试图规避"非同一性问题"（Hanser，1990、2009；McMahan，1998；Shiffrin，1999；Meyer，2003、2009a；Harman，2004、2009；Rivera-López，2009）。基于伤害之门槛概念对"非同一性问题"的回应非常不同于其他回应［如 Heyd（2009b）所批评的那样］。

门槛回应可以被理解为弱意义上的个人影响论（见 2.2.1 节）：根据伤害的门槛概念，受害者受到伤害时并不意味着此人比他/她现在的境遇更糟，但这确实意味着此人比他/她应该处于的境遇更糟。我们所亏欠这个人的是，当他/她将来存在时，确保他/她不处于受伤害的状态。对代际义务的这种理解非常不同于基于非个人影响论所做出的理解；根据非个人影响论，当世界上不存在处于受伤害（依据关于伤害的门槛标准）状态的人时，这个世界就是一个更好的世界（Wrigley，2012：178）。

我们可以用伤害的门槛概念来界定伤害的必要条件：

---

① 关于后代人之存在取决于我们的行为之偶然性，可以区分出概率论和必然论两种解读［参见帕菲特的"依赖时间的主张"一文（Parfit，1984：351－352）］，并且因此也可以确定非同一性问题的范围。根据必然论的解读，关键的问题是，如果我们没有实施这个行动或政策，同一个人或同一群人就不可能存在。这在事实上是否有可能或不可能发生并不重要。根据概率论的解读，如果我们实施的某个行动或政策不可能导致同一个人的存在，而且这种可能性的概率接近于零，那么认为同一个人不会存在是合理的。后一种观点可以归功于帕菲特（Parfit，1984：352）。关于这一事实——基因相同的人可以通过不同的行动和在不同的情况下出生——在规范意义上是否重要的讨论，参见 Simmons（1995：178－179）、Roberts（1998：3.4§，3.5§）、Gosseries（2004）。

Ⅲ.（门槛）行为者在时间点 t_1 的某个行为（或不作为）伤害了某人，①仅当行为者的行为要么导致（或促使）未来的受害者处于亚门槛状态，要么导致（或促使）已经存在的人处于亚门槛状态；②仅当此受害者不处于受伤害的状态，如果行为者不与此受害者相互交往（或不对后者采取行动）；③仅当行为者没有把伤害最小化，如果他/她无法避免这个意义上的伤害。

根据伤害的这样一种门槛概念，仅当一个行为的后果导致（当时存在的）一个人生活水平低于规范意义上的门槛时，该行为才会伤害这个人（McMahan，1998：223－229；Shiffrin，1999）。这个门槛概念不受"非同一性问题"的影响，因为在这里，对伤害的判定不依赖于这一判断：处于亚门槛状态的人在没有伤害行为发生的世界中是否会处于更好的状态。因此，后代人可以说是受到了当代人行为的伤害，即使这些行为是决定后代人之存在、身份或数量的必要条件之一。这种伤害概念在不同程度上限制了"非同一性问题"的实际意义，这取决于如何实质性地界定伤害的门槛（参见 2.4 节）。

上面所讨论的这两个主张都依赖于伤害的门槛概念：

第一个主张是：反映了后代人针对当代人之福利权利的那些考量，可用于指导当代人对长期政策的选择。

第二个主张是：如果被生下来的后代不可能获得某种水平的福祉，那么，对他们的不被生出来之权利的考量，可用于指导准父母（基于对他们原本会有的孩子的考量）做出不怀孕的决定。

在选择那些将对后代人的生活质量产生不同影响的长期政策时，如果我们接受历时性的或虚拟－历史性的伤害概念，那么，我们就能够排除我们伤害后代人的可能性。但是，如果我们采用Ⅲ所界定的伤害的门槛概念，那么，后代人就可以说是受到了伤害——由于我们选择了一项伤害他们的政策，尽管受到伤害的具体的人的存在在因果的意义上取决于我们实施这项政策的决定。①

2.3.2 通过让一个后代人出生来伤害他

伤害的门槛概念对于理解第二个有争议的主张也是至关重要的。当用来解释这一命题——通过让一个孩子出生，我们能够对这个孩子造成伤害——时，我们可以看到，上文（2.3.1 节）所区分的三种伤害概念实际上预设了不同的前提。

---

① 这就是为什么这类伤害概念与身份无关的原因。参见 Fishkin（1991）、Fishkin（1992：63－64）.

请考虑以下主张：

  a. 一个活着的人的处境可能比他/她出生之前的境遇更糟。
  b. 一个人所过的任何生活都可以用于与他/她完全不存在时的处境相比较。
  c. 我们能够说一个人在他/她出生之前并不存在。
  d. 我们可以制定一个一般性的福祉标准，这样，当我们导致一个人的处境低于界定的标准时，或者当我们未能使这个人的处境达到该标准时，我们就未能履行对这个人的义务。

  简而言之，情况就是这样：通过让孩子出生，父母能够伤害（依据不同的伤害概念）其孩子——这一主张预设了一组不同的假设（a~d）：正如下文所解释的，概念 I 使我们承诺 a、b、c；概念 II 使我们承诺 b 和 c；而概念 III 使我们承诺 c 和 d。命题 a 和 b 将会被证明是没有道理的。鉴于只有第三种伤害概念被应用于生育决定时不以 a 或 b 为前提，这个概念似乎更适宜于解释这一主张：通过让一个孩子出生，我们能够伤害这个孩子。

  这三种伤害概念都预设了假设 c。通过把一个人生下来，我们就伤害了这个人——这一论点预设了这样一个前提：把一个人生下来，这是这个人出生时发生在他身上的一件事情。

  当被用来解释这一主张——通过把一个人生下来，我们能够对他造成伤害——时，I 预设了假设 a。但是，在卵细胞受精之前就认为卵细胞拥有福祉，这似乎并没有意义。因而，在这种情况下，伤害概念 I 并不能运用于这里的语境。

  伤害概念 II 预设了假设 b。如果我们声称，我们通过把一个人带到这个世上，从而导致这个人比他/她从来没有出生时的境遇更糟，那么，我们的这一判断就依赖于对非存在（在"从未出生"意义上[①]）之价值和生活之价值进行内在比较的可能性。然而，从个人影响论出发，这种比较即便具有可能性，那也是很困难的，正如大卫·海德所指出的那样："对生活（life）与非存在（nonexistence）之价值的比较受到两个因素的阻碍：非存在本身的无价值性和把所谓的价值赋予某个主体的不可能性。这两个因素是密切相关的：否认人的非存在之价值的一个理由是，我们不能把价值赋予一个根本就不会存在的人。"（Heyd，1992：37、113）虽然一个人在反省中更倾向于从未被带到这个世界，

---

  ① 这是假设将一个现存的人目前的幸福状态与这个人没有被孕育时的状态进行比较，即将一个现存的人目前的状态与这个人"从未存在"的状态进行比较。

但这并不意味着，这个人如果从未出生，他的生活境遇就会更好（Roberts，1998：151；Meacham，2012：262，认为非存在不具有价值；讨论参见 Broome，1999；Parsons，2002；Arrhenius，2003；Holtug，2004）。诚然，正如我们上文所指出的，我们可以把"出生前未存在"的状态归于一个现存的人，就像我们可以把"不复存在"的状态归于这个人一样。然而，这并不意味着，从未存在的状态对这个人来说是有价值（或无价值）的。

在这一点上，死亡似乎与从未存在是不同的。生活可以被理解为一个正在进行的谋划（project），它由更多的具体谋划组成，这些生活谋划部分地由目标所定义，并且其完成需要时间（Nagel，1979：8 - 9；Scheffler，2013：第 3 讲）。如果一个人的生命被缩短了，这可能与此人的利益相悖。死亡阻碍了这个人的生活谋划取得成果。在实施这个谋划时，可能没有其他任何人能够取代这个人的位置。这么说并不要求我们把这个人的死亡状态的价值与他继续活着的价值进行比较。相反，"问题是，如果一个人没有死，活得更久，那么，他的存在对他来说是否有好处"（Raz，2001：85；McMahan，2002：第 2 部分）。另外，我对某些生活谋划的实施使得我的生活是有意义的，但这并不意味着，如果我没有机会形成任何有意义的生活谋划——即根本没有出生——那么，这对我来说就必然是不可取的。"从未存在过"对任何人都很难说是有价值或无价值的。[1]

伤害概念Ⅲ依赖于我们对他人的这样一种一般性的义务：不让他们的境遇比他们原本应有的境遇更糟。我们的行为和疏忽能够导致一个人的境遇比他有权享有的境遇更糟。这种伤害的概念尤其依赖于这一前提：关于人们有权得到什么的标准（d），我们已经做出了明确的界定。如果后代的预期生活低于相关的福祉门槛，那么，在声称人们应该出于对后代的考虑而不生育时，我们就依赖于这一前提：我们能够定义什么是低于福祉门槛的状态，并能够判断（后代的）生活何时处于这种状态。如果我们做了这些假设，我们就可以用这种伤害概念来解释"通过让一个人出生，我们可以对这个人造成伤害"的主张，而不需要面对在前文段落中所讨论的独特的伦理困难[2]。在应用这种伤害概念时，我们比较了"拥有足够好的生活"之价值和"拥有低于相关福祉门槛的生活"之价值。在个人自己或人与人之间进行这两种价值的比较时并不存在特殊的困难。

通过让一个人出生来伤害这个人，这显然是一种特殊的情形。当被应用于这种情形时，同人比较（same-person-comparative）的伤害概念（伤害概念Ⅰ和Ⅱ

---

[1]　如何来比较不存在的婴儿的价值与活人死亡的价值，这是另一个不同的议题。参见 Kamm（1993：36）、Raz（2001：90 - 92）。

[2]　这里的伦理困难是指：或者被生下来并过一种不太理想的生活，或者不被生下来——对一个孩子来说，哪一种状态是更好的。——译者注

属于这种概念）预设了 a 和 b 中的一个或两个，这些概念即使不是错误的，也是值得怀疑的。① 现在，在未来的父母考虑是否改变他们生育后代的决定时，拥有这种权利（即不在伤害的亚门槛状态下被带到这个世上来的权利）的后代并不存在（或拥有"非存在之权利"的后代并不存在）。但是根据伤害概念Ⅲ，这并不意味着父母不能根据那些可能永远也不会出生的后代之利益——如果这个孩子出生了，他的生活将会低于福祉的相关门槛——来采取行动。当一个人在受伤害的状态下被带到这个世上来，他/她就成了受伤害的对象。他/她的境遇不会比他/她原本的境遇更糟或更好，这与我们确定他/她现在或将来是否会处于受伤害的亚门槛状态无关。

在这种情况（让一个人出生就会对他/她造成上述意义上的伤害）下，把一人生下来就是侵犯了他/她的"非存在之权利"（the right to non-existence）。在这里，未来的父母可以避免侵犯权利的唯一办法是确保不把拥有该权利的后代生下来。因此，未来的父母能够尊重该权利的唯一办法是排除该权利成为现实的可能性。

可以肯定的是，所谓的"非存在之权利"可能会受到这样的批评，即，如果这个人处于受伤害的亚门槛状态并且其生活是有意义的，那么，这个人不能因为其出生而被认为是受到了损害（wronged）。通常，为"非存在之权利"提供辩护的那些理据不太可能对我们的生育或人口政策之选择起决定性作用。如果我们面临这种选择：让一个其生活有意义但低于福祉的相关门槛的人出生，或者让一个其生活有意义且达到福祉相关门槛或高于福祉相关门槛的人出生，那么，赞成"非存在之权利"的那些理据将反对前一选择，但也不赞成后一选择。如果我们必须在两种政策之间做选择，而这两种政策都会导致未来后代之生活处于福祉的亚门槛状态，那么，在做决定时我们还要进一步考虑这样的问题：那些理据在强度方面是否会存在差异——依据此人所处的特定状态（该状态将根据其不能或将

---

① 范伯格（Feinberg, 1984：102）提出伤害概念Ⅱ的不适用性排除了"'不当怀孕'的刑事责任"。范伯格认为，在刑法的语境下，"伤害他人"应该以使一个人的境遇更糟为前提，也就是说，阻碍此人的利益。因此，范伯格认为伤害概念Ⅲ在划分刑事责任时并不适用。然而，在他的分析中，在不法生命的案例中，受折磨的儿童由于被剥夺了"出生权利"（Feinberg, 1984：99）而"受到了损害"（Feinberg, 1984：34－35）并且"不法行为的始作俑者……应该……对孩子承担损失赔偿的民事责任"（Feinberg, 1984：102）。范伯格在他对"恶意或疏忽怀孕"的刑法的（自由主义）解释中，提出了"一个重要的例外"，也即，在这个例子中，儿童"出生后会带有不可治愈的残疾——当然，也没严重到使孩子觉得不如不降生为好"（Feinberg, 1990：325），并且这对父母原本可以很容易地避免让这个孩子带有残疾地出生。范伯格认为，这类案例"原则上可由刑法做出界定，尽管并不存在伤害原则所界定的损害发生"（Feinberg, 1990：327）。

不能实现的基本权利之多少来进行评估）以及依据其"非存在之权利"受到侵犯的人的数量。

我们不必把"非存在之权利"视为对人们的生育选择或影响未来人口组成之政策选择的绝对约束。毋宁说，在对这些选择的后果进行比较性评估时，"非存在之权利"将被纳入考虑之中（Sen，1982）。在我们选择人口政策时，"非存在之权利"不可能是唯一需要考虑的权利。因此，一项政策将会导致未来后代之生活处于福祉的亚门槛状态这一事实本身并不会导致这样的结论：该政策应从道德上加以禁止。

2.3.3　我们应该让最优秀的人出生吗

伤害概念Ⅲ并不支持这样的主张：如果一个可能存在的人将会有足够好的生活，但能够来到这个世上的另一个人将会拥有更好的生活，那么，我们就有义务让后者出生而不让前者出生；伤害概念Ⅲ也不支持群体决策的类似主张，即，当代人并不负有这样的义务：只让那些未来可能存在的人当中生活最佳的人出生。

为了阐明这一点，请考虑以下例子①：一个女人了解到，由于她患上了某种疾病，如果她现在怀上孩子，这个孩子将会有某种轻微的生理缺陷，但这个孩子拥有的生活将会高于相关的福祉门槛——假设任何轻微的残疾状况不会使这个孩子的生活低于相关的福祉门槛（Harris，1992：88 – 89）。幸运的是，有一种方法能够治疗这种疾病，治疗之后，这个女人将能够生育一个完全健康的孩子。然而这种治疗方法需要三个月的时间，因此，这个孩子出生后不可能没有生理缺陷。我们能说这个女人有义务为了她的孩子而推迟生育（直到疾病治好）吗？根据2.3 节理解的伤害概念，我们不能说这个女人对她的孩子负有这种义务（这样才不会伤害这个孩子）（Woodward，1986：815；Woodward，1987：808 – 809）。然而，也许她有好的理由去接受医学治疗并且推迟生育。这些理由将会反映她和她的伴侣的利益，以及其他现在和未来的人们的利益。这些利益可能重要到足以引起父母相关的义务。因此，我们有义务不让这些人出生——这些人的生活虽然仍在体面的门槛之上，却比不上在另一种情况下出生的其他人的生活有意义；但是，这些义务并不是基于对所涉及的未来孩子造成伤害的考虑——假设在此处和下文的讨论中，我们可以进行相关的有意义的计算和权衡的话。

要支持这样的主张——父母确实有义务（对他们未来的孩子）把一个可能

---

① 这是德里克·帕菲特"14 岁女孩"例子的一个变体（Parfit，1984：358，364）。

的孩子生下来，而这个孩子在他们可选择的范围内享有最高水平的福祉——我们就得依赖另一种伤害概念，即通过将一个人的状态与另一个代替他出生的人的反事实状态进行比较而产生的伤害概念：

（虚拟存在的另一个人）如果行为者在时间点 t_1 使一个人出生，那么，只有在行为者导致这个人在后来的时间点 t_2 比另一个人——如果行为者采取了不同的行动，另一个人原本会取代那个人出生——在时间点 t_2 的境遇更糟时，行为者才会伤害到这个人。[①]

未来的父母可能会生育更多或更少的孩子（一个孩子、双胞胎、三胞胎等），这取决于他们的决定。与长期政策有关的决定可能会对未来人口的规模产生影响。因此，至少当我们希望支持集体层面的类似主张时，我们也要允许不同数量的孩子出生：

（虚拟存在的另外一些人）如果行为者在时间点 t_1 使一个人出生，那么，只有在行为者导致这个人在后来的时间点 t_2 比其他人——如果行为者采取了不同的行动，这些人原本会取代那个人出生——在时间点 t_2 的境遇更糟时（平均或个别绝对值），行为者才会伤害到这个人。

如果我们遵循与虚拟存在的另外一些人有关的伤害概念，那么，这样一个人（他/她的生活质量将高于福祉的相关门槛）只有在这种情况下才可以说是受到了伤害：这个人不会被生出来，而另一个人或另一些人将会被生出来，并且后者将会享有更高的生活质量（平均或个别的绝对值）。但是，根据个人影响论，从所谓受害者的角度出发，将这个人的生活与这个人从未存在但另一个人或其他人会存在的反事实状态进行比较，这是没有意义的。我们不能把所谓非存在的价值归于个体。

综上所述：如果一个人既不能按照虚拟－历史性伤害概念Ⅱ被界定为受到了伤害，也不能按照历时性伤害概念Ⅰ或门槛伤害概念Ⅲ被界定为受到了伤害，那么，至少我们很难（如果可能的话）理解为什么这个人应该被界定为受到了伤害。[②] 这并不是说，我们不能基于个人影响论之理据来认为，一个生活远高于相

---

① 参见帕菲特（Parfit, 1984）的"相同数目质量主张（Q 原则）"以及 Kavka（1982：98 - 99）的观点。

② 即使这种关于虚拟伤害的概念适用于受害人数相同的案例，它也难以适用于受害人数不同的案例（Parfit, 1984：part 4）。

关福祉门槛的人的未来好于一个生活不那么好但足够好的人的未来（具体见 2.4.6 节）。接下来要讨论的问题是，我们应该如何理解根据所谓的"无差异观点"（No-Difference View）而区分的伤害概念 Ⅰ ~ Ⅲ。

2.3.4　德里克·帕菲特的无差异观点和伤害的析取概念

德里克·帕菲特提出了"无差异观点"：无论未来世代的规模和构成是否取决于我们现在的决定，这对我们应该如何行动都没什么（理论上或实践上的）影响。相关的理据都是相同的或具有相同的力量。

我们在何种程度上为这一观点辩护，将取决于我们如何理解 2.3.1 节中所区分的各种伤害概念之间的关系。在这里，我们将刻画两种关于如何理解这些伤害概念的观点，并研究这两种不同的观点在何种程度上支持帕菲特的"无差异观点"。根据第一种观点，我们必须在"单一门槛"和"单一虚拟－历史性"的伤害概念之间做出选择：如果我们声称，对权利的考虑可以指导我们在长期政策中做出选择，那么，我们就必须采用这些伤害概念中的一个来作为所界定的伤害之必要条件；在这样做时，我们必须否认，其他的伤害概念能够作为界定的伤害的必要（或充分）条件。换句话说，第一种观点认为，"单一门槛"与"单一虚拟－历史性"的伤害概念是全然不同的。根据第二种观点，伤害的门槛概念和虚拟－历史性概念是可以结合起来的。

根据这个"析取概念"，伤害的必要条件是 Ⅱ 和 Ⅲ 的伤害概念所界定之伤害条件的析取。这里的思路是：我们不把 Ⅱ 和 Ⅲ 的伤害概念解释为为伤害概念提供了不同的必要条件，而是认为这两种概念都为伤害的必要条件提供了析取项（disjunct）。这种析取的伤害概念取代了伤害概念的第四个必要条件：

Ⅳ.（析取的）在时间点 t_1 的一个行为（或不作为）伤害到某人，仅当出现了下述两种情形：或者（如伤害概念 Ⅲ 所示）行为者将因此导致（或促使）此人的生活处于福祉的亚门槛状态，并且该行为者在无法避免造成伤害的情况下没有把伤害降到最低；① 或者（如伤害概念 Ⅱ 所示）行为者导致此人在更晚的时间点 t_2 的境遇比他/她在时间点 t_2 原本应有的境遇更糟（如果行为者与这个人完全没有交集）。

---

① 只有当行为者根本没有与此人互动（或对其采取行动）时，此人才不会处于受伤害的状态；此外，如果行为者不能避免造成这种意义上的伤害，就不能将伤害降至最低（见 2.3.1 节介绍的伤害的门槛概念）。正如下文（2.4 节，尤其是 2.4.4 节）所示，如果行为者不能避免造成低于门槛的伤害（sub-threshold harm），那么，该行为者应该根据对其他选择的优先性评估来把伤害降至最低。

　　我们显然应该倾向于这个析取性的伤害概念，而非单一的虚拟－历史性伤害观点；根据析取性的伤害概念，虚拟－历史性伤害概念界定了伤害的必要条件（而伤害的门槛概念既没有界定伤害概念的必要条件也没有界定伤害概念的充分条件）。析取性伤害概念与本章的论点是一致的，它依赖于我们采用了伤害的门槛概念，而这是虚拟－历史性伤害概念和历时性伤害概念都不采用的。① 一些学者还论证说，在人的身份与伤害的行为无关的情况下，这个人的境遇变得比他过去或者他原本应有的境遇更差，这并不是伤害的必要条件（Hanser，1990；Shiffrin，1999；Harman，2004：98－101；Woollard，2012：681－683；Roberts，2009：19－20）。我们是否应该倾向于伤害的析取概念而非单一的门槛概念？根据伤害的单一门槛概念，门槛条件是伤害的必要条件。伤害的析取概念的优势在于，这种伤害的观点允许我们在虚拟－历时性伤害概念适用的情况下——也即，当我们将会伤害一个当下存在的人时——使用这一伤害概念。在这些情况下，第二种伤害概念提供了对大多数人所认为的伤害的直接说明。

　　考虑这样一种情况：我们可以采取某种行动来减少一个其生活将高于福祉的任何一种合理门槛的人的福祉。然而，我们将会把这个人的福祉降低到仍然明显高于相关门槛的水平。例如，有人闯入一座豪宅的车库，偷走了新的敞篷汽车，而富有的主人却住在城中的顶层公寓。这桩偷窃事件不太可能导致富人的福祉低于任何合理的伤害门槛，因此，根据第三种伤害概念，这桩偷窃事件并没有对富人造成伤害——这似乎是没有道理的。这种情况下我们通常认为受害者受到了明显的伤害。对于伤害的门槛概念更为普遍的反对意见在于，在解释我们认为哪些

---

　　① 请注意三点：第一，在描述伤害的析取性概念时，伤害的历时性概念Ⅰ是多余的。当伤害的虚拟－历史概念Ⅱ适用时，伤害概念Ⅰ也适用；在运用伤害概念Ⅱ时，虽然反事实的考虑没有发挥任何作用，但历时性伤害概念Ⅰ仍然适用。

　　第二，不仅是我们上文所说的伤害概念Ⅳ满足这一要求。任何把第三种伤害概念作为造成伤害的必要条件的析取性伤害概念都满足这一要求。托马斯·博格向笔者建议了一种对于析取性伤害概念的理解，这种理解优先考虑虚拟－历史性的伤害概念：（Ⅳ*）如果我们在某一时间点 t_1 以某种方式行动（或放弃以这种方式行动），那么，只有在以下情况下，我们才会因此而伤害某人：（依据第二种伤害概念）我们导致此人在以后的某个时间点 t_2 比我们完全不与此人互动时此人在 t_2 的境遇更糟；或者无法进行这种比较，但（依据第三种伤害概念）我们导致此人的生活低于相关的福祉门槛，并且，在无法避免这个意义上的伤害的情况下，我们没有把伤害降到最低。

　　第三，值得指出的是，还有一些其他原因，使我们更倾向于采用析取性概念而不是单一的概念。析取性概念与对伤害和赔偿的核心理解是一致的，因为这些概念通常在侵权法领域内被理解。在不涉及非同一性问题的情况下，如果有害的行动使受害者的福祉降低到一个仍然高于相关门槛的水平，那么伤害的比较概念就为恢复原状和赔偿提供了相关标准。

行为是有害的时候，门槛概念不够包容。

这种单一的门槛概念不能回应这种反对意见。一个合理的实质性门槛概念（参见下文 2.4.3 节）将不关注那些生活水平高于相关福祉门槛之上的人。因此，在回应反对意见时，我们将不得不增加一项额外的义务，例如，我们可以呼吁把对其他人的伤害降到最低：这项义务要求我们不使另一个人的福祉降到一个较低的水平，这与此人已经实现的福祉水平无关。我们可以用指定的门槛来衡量什么是较低水平的福祉。

另外，伤害的析取概念允许我们依赖第二种伤害概念。这为我们提供了一个对所造成之伤害的直接说明。因此，析取概念不会遭到上述观点的反对。然而，如果单一门槛的观点可以被证明与帕菲特的无差异观点完全一致，那么析取的伤害概念本身就产生了解释上的困难。

帕菲特通过两个医疗方案（Parfit，1984：367）来阐明无差异观点。在每个案例中，都有某种罕见病症可以由母亲遗传给孩子。一种病症涉及孕期检查。如果检查结果为阳性，胎儿就会因为这种罕见病症而受到治疗。另一种病症涉及孕前检查。作为这种罕见病症的携带者，检查结果为阳性的女人被告知要推迟怀孕至少两个月，并且接受（无害的）治疗，治疗后这种病症就会消失。可用的基金能够用在其中一个方案上，但必须取消另一个方案。假设这两个方案对父母的影响是等效的，两种病症对孩子造成了相同的特殊缺陷，而且这两个方案将会取得相似的成功率，那么这两个方案只在影响实际存在的人（孕期检查）和可能存在的人（孕前检查）这两个方面有所不同。（实践的）无差异观点认为：我们阻止伤害未来可能存在的人（可能被孕育的人）的理由与我们阻止伤害实际的人（已经被孕育着的，将在适当的时候由已经存在的胎儿发展成为人）的理由同样强烈。在帕菲特的例子中，两种医疗方案在价值上是等同的，并且，无论哪个方案被取消，在道德上都没有任何区别。

那么，伤害的析取概念与无差异观点是一致的吗？在这里，我们不详细讨论伤害的析取概念的含义。首先，我们可以观察一下，伤害的虚拟－历史性概念和门槛概念都可以用来解释许多重要的伤害案例。这就是说，在大多数人都认为造成了伤害的情况下，我们可以论证说，这两种伤害概念所界定的两组条件得到了满足，至少在这两种伤害概念得到合理界定的情况下是如此。其次，在并非所有条件都得到满足的案例中，我们仍然能够发现所造成的伤害（只要一种条件得到了满足）。如果伤害的门槛概念适用，我们就认为造成了伤害。析取概念意味着，取消任何一种检查都会造成伤害。

然而，析取概念并不意味着，无论我们取消哪种检查，都没有实际上的区别。对于析取概念的一种可能的合理解释是这样的：满足任何一组条件都为我们反对所提议的行为提供了理由；如果两组条件都具备了，反对意见可能比只有一组条件得到满足时更强烈。① 根据这种对于伤害的析取概念的理解，并且假设在帕菲特两种医疗方案的例子中，这些孩子或他们的母亲没有得到治疗，这些孩子将会遭受严重的生理缺陷，那么，取消孕期检查的反对意见就会比取消孕前检查的反对意见更强烈。因为缺陷是严重的，孩子们的生活将会降低到相关的福祉门槛之下，而伤害的门槛概念为反对取消这两种方案提供了相同的理由。但如果孕期检查取消了，这对没有得到治疗的孩子来说会更糟——伤害的虚拟－历史性概念在这里是适用的。然而，伤害的虚拟－历史性概念并没有为反对孕前检查提供理由。如果有孕前检查，那些即将出生的有生理缺陷的孩子就不会存在。② 对于伤害的析取概念的理解也许并不能与无差异观点一致。另一种理解是，否认在两种伤害概念都适用时加强了对于有害行动的反对。这是否加强了反对意见，如果是这样，又增加了多少反对意见，这是未来研究的问题（Woollard，2012：684 - 689）。

对伤害的单一门槛解释也与关于伤害概念之无差异观点的第二种解释以及更强的解释相一致：伤害未来可能存在的人与伤害实际存在的人在理论上没有差别，因为反对伤害任何一个群体的理由都是相同的。伤害的析取概念显然与关于无差异观点的理论性解释不一致。根据析取概念，通常不会有相同的理据来反对伤害这两个群体。当我们反对伤害实际的人时，我们通常会有额外的理据来采用虚拟－历史性的伤害概念。③

---

① 根据伤害概念Ⅳ*，只需一组条件（由对伤害的每一种解释所界定的条件）得到满足即可。伤害概念Ⅳ*也可能意味着，我们取消哪种检查会有道德上的区别：我们根据哪些理由反对取消任何一种检查，很可能会有道德上的区别。然而，伤害概念Ⅳ*不会给我们提供两个反对取消孕期检查的理由。因此，我们不能依据有两个反对取消孕期检查的理由和只有一个反对取消孕前检查的理由来解释所谓的差异。

② 这里的假定是，在作出是否治疗胎儿的决定时，胎儿是实际存在的后代人。换句话说，对胎儿的治疗不会对后代人的构成产生影响，而对受孕后的基因实施干预则会产生这种影响。关于这种受孕后的基因治疗和手术的可行性以及对不当之生命索赔进行解释的影响，参见 Buchanan、Brock、Daniels、Wikler（2000）第 6 页和第 6 章。如果孕期检查导致孕后干预，从而对后代人的构成产生影响，那么，帕菲特案例中的两个医疗方案在伤害的比较性概念之适用性方面就变得没有区别了。

③ 请注意，伤害概念Ⅳ也与无差异观点的理论解读不一致。根据伤害概念Ⅳ，我们有不同的（但并非额外的）理由来反对伤害实际的人。

2.4　如何界定门槛

在 2.3 节，我们介绍了伤害的门槛概念来回应逻辑概念上的非同一性问题。接下来，我们需要厘清这一概念是如何被理解为对代际关系之分配正义做出实质性理解的一个要素。我们尤其需要回答两个问题。首先，是分配正义的原则问题；其次，是指标问题，即如何衡量福祉的相关差异。我们并不需要将门槛概念解释为代际正义充足性概念的一个必然要素，但这样做似乎是合理的（如 2.4.4 中的讨论）；门槛被解释为一个充足性标准，以绝对的、非比较性的条件来进行定义（以一定的福祉水平来定义，而非对人们的福祉水平进行比较），并且所有人都拥有优先性来实现这一主张（Shiffrin，1999：123 - 124；McMahan，1998：223 - 229；Page，2006：90 - 95、170 - 173；Casal，2007：298 - 299；Meyer、Roser，2009：226 - 243；Huseby，2012；Shields，2016：34 - 35）。人们可以对福祉的门槛概念达成共识，根据这种共识，一个相同的福祉门槛将适用于所有的决定。①

2.4.1　论代际正义的指标

这样一种充足主义的分配原则符合那种强调指标（currency）的观点，这种指标有助于解释为什么达不到相关福祉门槛会对人们造成重大伤害（harm）。满足基本需求的正义观就是这样一种观点。如果人们不能满足他们的基本需求，他们必然会受到严重的损害（damage）；这种损害之所以是必然的，乃是因为这种损害的发生并非源于特殊的环境条件，也不是因为当事人专有的特征。损害的发

---

① 我们能否通过使一个人存在而错误地对这个人造成非比较意义上的伤害，这通常被认为是一种特殊的情况，这种情况与一个特别低的福祉门槛是相关的：只有当一个人出生后的发展潜力和他的寿命急剧减少（Kavka，1982：105 - 106），尤其是当这个人经历痛苦时（Harris，1991：65 - 66；Schöne-Seifert、Krüger，1993：257 - 258；Merkel，2001），我们才会通过使一个人存在而造成这种伤害。然而，谢夫林认为，从表面上来看，无论一个人的具体身份是什么，使这个人存在都是应当加以反对的（Shiffrin，1999；类似的观点参见 Benatar，2006）。由于使某人存在总是导致这个人的利益受损，并且由于其中一些利益的受损来自使此人存在的行动，因此使某人存在总是会造成一些非比较意义上的伤害。在谢夫林的理解中，这是应当加以反对的，因为这个人是不会被同意生下来的，而且这些伤害对于防止更大的伤害是不必要的。如果这是在侵犯这个人的权利，而且这一事实不能被这个行动所导致的此人所拥有的物品所抵消或者被证明是合理的，那么，使这个人存在就是应当加以反对的。

生乃是由于这些条件和特征适用于目前的情景，而且它们在可预见的未来将基本保持不变（Wiggins，1998：15）。损害是显而易见的，因为它破坏了一个人有可能过上最低限度的美好生活的条件（Wiggins，1998：14）。例如，如果一个人无法获得食物，那么这将导致他的冷漠无情、器官损害甚至死亡。这种损害在生理上是必然的，无论当事人的国籍、社会地位或宗教信仰如何。如果以这种方式来理解损害，那么，人们的基本需求应基于正义的理由（通过赋予人们相应的道德权利）得到满足。应把相同的权利清单赋予所有的人（无论他们生活于何时何地），但这并不排除这种可能性：满足基本需求的手段（即所谓满足的基本因子）会随着社会、经济、文化条件的改变而有所不同（Braybroke，1987；Sen，1984；Nussbaum，2000：132－133；Page，2006：71－75）。

核心能力指标（Nussbaum，2006；Petz，2018）与基本需求指标高度相似。其他指标观点在相关方面有所不同（Meyer、Pölzler，2020）。例如，偏好满足（无论这些偏好是什么）的指标（Arrow，1963；Goodin，1995；Singer，1979）从主观上而不是客观上来衡量福祉；一个人偏好什么取决于心理状态，即取决于这个人的喜好。同样，偏好在未来会发生什么变化是难以预测的；后代人与当代人有着（根本）不同的偏好，这是可能的，也是合理的。非个人性资源（即可以用来生产多种利益的物品，例如收入和财富）的指标（Barry，1989；Rawls，2001）面临着一个不同的问题：人们的非个人性资源（impersonal resource）水平并不必然与已然实现的福祉水平相关。非个人性资源是不可靠的福祉指标（Page，2007b：457－458；Sen，1992：19－21、26－30）。

在下文中，我们将假设基本需求或核心能力是代际正义概念的可靠指标；这种正义概念依赖于伤害的门槛概念。我们将讨论如何理解代际正义的分配原则，即是否可以通过平等主义、优先主义或充足主义的考虑来对伤害的门槛这一概念进行合理的界定。

2.4.2　从平等主义的角度来界定门槛

把正义的指标界定为确保所有人都拥有使其基本需求得到充分满足的最低限度的权利（代际基本需求－充足主义）——这只是把满足的门槛理解为代际正义概念的一个要素的一种可能的方式（Meyer、Pölzler，2020）。我们可能想基于平等主义的理由来定义门槛。基于该理据，我们将反对不平等，因为平等主义使我们有可能把人们在生活状态方面的相对差异理解为"本身要被消除或减少的东西"（Scanlon，2005：6）。基于解决人与人之间相对差异问题的平等主义，至少可以在两个方面帮助我们明确门槛的标准。我们可以认为，人们相对于他们同代人的地位（外在的或内在的）① 是重要的，伤害的门槛概念应该反映出，比如说，人们实现的平均福祉水平——或者后代人将会实现的平均福祉水平；平均福祉水平越高，伤害的门槛就应该被设定得越高。

根据对这种平等主义的一种解读，目前活着的人因为导致后代人实现的福祉水平比他们的同代人更低（低得多），从而伤害了后代人（Sher，1979：389）。换言之，我们可以认为，门槛水平应该反映出当代人的平均福祉水平，而未来世代的存在、身份和幸福都取决于当代人的决定。根据这样的解释，目前活着的人伤害了后代人，使后者实现的福祉水平比他们自己享有的福祉水平更低（低得多）（Barry，1999）。

不过，即使反映了对于人们之间相对差异之关注的平等主义考量有助于我们对门槛进行界定，一个合理的门槛也不会仅仅基于这种关注，而是要反映出对人们绝对福祉水平的关注。否则——这是第一种解释的一种含义——只要所有的后代人的境遇都同样糟糕，那么任何水平的福祉都会被认为是公正的。这预设了把内在价值完全归于平等——这是一个不合理的观点。此外，将未来世代福祉的门槛标准定义为目前活着的人所达到的福祉水平（无论它是什么）是不太合理的，除非这样来理解，即把内在价值完全归于代际平等（Marmor，2003；Steiner，2003；Raz，2003；Gosepath，2004：454 - 463；Holtug、Lippert-Rasmussen，2007）。这种理解不仅意味着未来世代的境遇不能比当代人更糟，还意味着未来世代也不能比当代人生活得更好。在代际背景下，一些哲学家认为，这种暗示（建议"降低"人们的幸福）是不合理的（Parfit，1997；Raz，1986：230 - 235）。一种类似的反对意见也适用于代际关系。令人疑惑的是，如果更平等的跨世代分配是以一些世代的境遇更差并且没有任何世代的境遇变得更好为代价，那么这是更好的分配方式吗？在某些情况下，这种观点会否认目前活着的人可能负有一种积极的正义义务，来为后代人储蓄，以使他们能够达到充足的福祉水平。②

2.4.3　以优先论理由来界定门槛

根据优先论（Parfit，1997：213；Attas，2009：207 - 211），这样的平等并

---

① 由于平等具有内在的价值，情况将会是这样。关于讨论参见 Marmor（2003）、Steiner（2003）以及拉兹的回应（Raz，2003）。同样参见 Gosepath（2004：454 - 463）；Holtug、Lippert-Rasmussen（2007）关于平等的章节。

② 参见下文 2.4.5 节有关罗尔斯的储蓄原则。罗尔斯提出了一种积极储蓄的义务，即"有可能提供某些条件，而这些条件是建立和不断维持一种正义的基本结构所需要的"，参见 Rawls（2001：159）。

不重要。因此，优先论（priority view）并不会遭遇这种观点——即平等本身就具有内在价值——所遇到的那类批评。优先论的一个合理版本如下：

优先论：受益者的处境越糟糕，使他们获利就越重要；受益的人越多，相关的利益就越大。

优先论有一种内在的平等倾向，因为该观点接受以下平等主义条件：如果 X 的境遇比 Y 更糟，我们至少有一个初步的理由来促进 X 的福祉而非 Y 的福祉（只有在下述条件下我们才应促进 Y 的福祉：提高 X 福祉的唯一办法或最好办法是提高 Y 的福祉，或者提高 X 的福祉会带来 Y 的福祉的提高这一副产品）。即使优先论者并不认为社会、经济或其他的差异内在地就是不好的，他们的观点仍是一种衍生的平等主义观点。在这个意义上，优先论可以被正确地描述为非关系性的平等主义。

我们可能想依据（比如）功利主义的某种优先论版本来界定伤害的门槛。根据这种解释，后代人将处于一种受伤害的状态，除非他们的处境能够像优先论所要求的那样好。然而，即使与（弱）个人影响论的方法结合在一起，用这种优先论来界定伤害的门槛仍然包含许多不合理的含义。首先，这种观点可能只定义了人们行动的一种最佳结果。如果人们的行动不能带来这种结果，那么，我们就不得不认为，他们的行为伤害了其他人。因此，大多数人的行动将会被算作是伤害了其他人。

其次，优先论（功利主义更是如此）可能会蕴含过高的代际要求。当下的行为或不作为至少在某种程度上能够提升许多未来世代人们的福祉。更重要的是，后代人的数量可能会很多，并且这种数量部分地取决于目前活着的人的决定和行为。因此，根据优先主义（prioritarianism），我们应该为未来世代的福祉而牺牲我们现在的许多福祉——这似乎是合理的。甚至可能出现这种情况，我们被要求为了未来世代的微小利益而付出巨大的代价（因为通过这种方式，我们可能会使后代人利益的加权总和最大化）：根据优先论，在评估其他替代方案时，我们不仅需要考虑未来人之利益的总数与未来受益者的数量，还需要考虑后代人关于改善其处境的要求；如果后代人的数量足够多，那么我们将不得不选择提高他们福祉的方案，即使他们提出的关于增进其福祉的要求很弱，他们获得的利益也很小。目前活着的人很可能负有提高后代人福祉的义务，即使在履行这一义务时，他们失去了自己的大量福祉，而后代人福祉的提高很少甚至微不足道（因为通过这种方式，我们可能会使后代人利益的加权总和最大化）（Rawls, 1999a：287；Wolf, 2009：373；Meyer、Roser, 2009：233-235）。优先论在多大程度上包含了这种意涵，将取决于优先论在多大程度上把优先性赋予那些境遇（非常）糟糕的人。当然，如果（无论目前活着的人做什么）所有的后代人都享有比目前活着的所有人或大多数人更高的福祉水平，那么优先论就不包含这种意涵。

最后，优先论并不包含关于合理的人口上限的预设。在某些情况下，那种带来数目巨大但处境糟糕的后代的政策与那种优先考虑未来受益者之数量、未来人利益之总数以及未来处境较差之人的政策可能并不冲突。基于 2.2.2 节和 2.3.2 节的讨论，我们应当确保，我们的人口政策所带来的那些人，能够过上足够好的生活或有意义的生活（Meyer，1997：139 – 140）。

基于这些理由，我们可以合理地认为，优先论似乎不能合理地界定代际伤害的相关门槛。

2.4.4　把充足主义标准界定为门槛

可以有多种不同的方式将门槛概念解释为代际正义充足性概念的一个要素（Benbaji，2005：316 – 321；Benbaji，2006；Casal，2007：312 – 326；Huseby，2010）。其中一种合理的版本以下列两种主题为特征，即学者们所说的"积极主题"（Casal，2007：298 – 299）和"转变主题"（Shields，2016：34 – 35）。积极主题（positive thesis）认为，我们有重要的非工具性理由来确保某种（某些）利益至少是足够的。根据转变主题（shift thesis），"一旦人们有了足够的保障，我们使个体进一步受益的理由之边际权重（marginal weight）的变化率就会是不连续的"（Shields，2017：211）。转变论与一些高于门槛之正义理由的相关理解是一致的，其中包括：第一，一旦一个人的生活条件超过了充足性门槛，就不再有任何正义的理由使这个人受益。这种说法通常被称为充足主义的"消极主题"（Casal，2007：299 – 304），并且受到了很多批评。第二，其他的正义理由也适用于权重较低的门槛标准。这将意味着，那些反映了优先论理由或平等主义理由的额外的正义要求也是有效的。第三，与低于充足性门槛的正义理由相同，在达到充足性门槛时，正义理由之权重会发生相应的变化。

此外，各种版本的充足主义也有所不同，这取决于它们在使高于充足性门槛的人们受益时如何把伦理或正义的理由纳入考虑。强充足主义给予那些生活条件低于门槛的人们绝对的优先性，弱充足主义把某些不那么绝对的优先性给予这些人。在代际的语境下，弱充足主义似乎比强充足主义更加合理（Meyer、Stelzer，2018）。根据弱充足主义，对于那些生活条件处于门槛以下和门槛以上的人来说，如果受益者越多，有关的加权利益越大，人们的境遇越糟，那么，使人们受益就越重要。弱充足主义允许在促成充足的幸福和增加幸福的其他方式之间进行权衡。例如，如果我们既可以使一个生活条件恰好低于门槛的人受益，也可以使许多恰好生活条件高于门槛的人在很大程度上受益，那么在某些情况下，弱充足主义可能会建议选择后一种方案。

假设并非所有目前活着的人和未来世代对于充足性福祉的要求都能得到满足（Wolf，2009：362），那么我们就需要权衡所有人的要求。充足主义的支持者们提出了低于充足主义门槛的不同的分配原则。最明显的是，他们认为，我们应该使那些生活条件低于门槛的现存和未来个体的幸福最大化（即所谓"最低限度的剥夺"；Wolf，2009：356 – 357）；或者我们应该最大限度地增加足够幸福的人的数量（即所谓"人数"；参见 Page，2007a：85 – 95）。这两个低于门槛的原则似乎都有问题。它们往往意味着，我们应该为了境遇较好但仍然糟糕的个体而牺牲现在或未来境遇最差的个体。鉴于这个问题，如上所述，我们建议将充足主义理解为一种更可靠的"低于门槛的优先论"。根据这里的第三种理解，如果受益的人越多，这些利益越重大，那么，使生活条件低于充足性门槛的人受益就越重要（Meyer，2009a、2009b、2015；Meyer、Roser，2009）。这种理解仅仅意味着，如果境遇较差者之权重较高的要求被境遇较好者之权重较低的要求所压到，那么，我们可以为了那些处境虽然相对较好但仍然很糟糕的人而牺牲处境较差的人。可以说，从直觉上看，在这种情况下这么做似乎也是合理的。

由于我们无法避免对优先性门槛进行武断的界定，而且，这些门槛与我们关于分配原则应当具有连续性（也就是说，它们都可以通过一种分配原则来进行解释）的信念是不一致的（Crisp，2003：753 – 757；Benbaji，2006：332 – 344；Page，2007a：16 – 18；Dorsey，2008；Huseby，2010：180 – 182；Freiman，2012：30 – 33；Shields，2012：111 – 115；两种反对意见参见 Sher，2014），因而，理查德·阿内森等人反对这些门槛概念（Arneson，1999、2000；Roemer，2004；Casal，2007：312 – 314、315 – 318），尤其是那些划定了绝对优先性的门槛概念（这是强充足主义立场的特点）（Crisp，2003：757 – 758；Benbaji，2006：324 – 326）。不过，我们可以证明那种由弱充足主义以及依赖基本需求或核心能力的指标来界定的优先性门槛的合理性（2.4.1 节）（Meyer、Pölzler，2020）。[①]

依据当代人和后代人都能达到的充足门槛概念来定义福祉的门槛概念，我们就能避免平等主义和优先主义门槛概念的不合理的影响（如果我们用平等主义和优先主义来界定伤害的门槛的话）。首先，避免或减少差异一定不能导致人们的境遇比他们应有的更差。其次，如果当代人在满足这些要求时，会给后代人的福

---

① 基本需求作为指标以及充足主义作为代际分配正义的原则能够被证明在某些方面是相互支持的，从而形成了某种尤其可靠和连贯的代际正义理论的基础，即代际基本需求充足主义（Meyer、Pölzler，2020）。

祉带来极小甚至微不足道的改善，但自己却遭受损失，从而导致他们自己的福祉低于合理的门槛水平，那么，对当代人提出这种要求就是不合理的。可以肯定的是，根据"转变主题"，正义的理由可以适用于高于门槛的情况，并且可以将平等主义或优先主义的理由囊括进去。

如果反对伤害之代际门槛的平等主义和优先主义界定是有效的，那么，我们就有特殊的理由依据充足主义门槛的概念来解释代际正义。同时，从充足主义角度理解代际正义的理由对于理解同代人之间的关系并不具有同样的意义（无论我们把这些同代人简单地看作是在任何地方生活的人，还是看作是一个良序自由社会的成员，或者看作是处于不同的基本政治单位中的人）。因为这些理由反映的是代际关系的独有特征：同代人之间并不存在非同一性问题。非同一性问题在制度化的代际法律主体（如罗尔斯所理解的作为国际公法主体的人民或国家）之间也不存在。此外，对正义的优先主义概念的反对意见，以及对依赖于平等之内在价值的正义概念的反对意见，部分地反映了代际关系的特殊性：由于后代人的数量很多（以及未来人口的规模取决于目前活着的人的行为），优先论意味着对目前活着的人提出了不合理的要求。我们只能在代际关系的语境下，要求当代人为后代人积极地储蓄。因此，对代际正义进行充足主义理解的理据至少在某种程度上是特定的，并且与理解全球正义或者良序社会中的同代成员之间所持有的正义概念都不相关。[①]

2.4.5 罗尔斯的正义储蓄原则

罗尔斯是第一个将对后代人的义务作为正义理论的核心内容进行系统阐述的人（Rawls，1971、1999a：§44；Rawls，1993：274；Rawls，2001：§49.2、§49.3）。罗尔斯提出了一个"正义储蓄"的原则。早在罗尔斯之前，拉姆齐就提出了一个在功利主义框架内不考虑分配因素来确定最佳储蓄的模型（Ramsey，1928）。继西季威克（Sidgwick，1907：414）之后，拉姆齐（Ramsey，1928：261）以及罗尔斯（Rawls，1971：263）和帕菲特（Parfit，1984：Appendix F）都反对所谓的"纯时间贴现"说：仅仅因为后代人生活在未来，就对他们的福祉或合法要求给予较少的重视。经济学中一个长期存在的议题是，在用于资助公共政策的贷款和税收（一方面）与由此而强加给后代人的负担（另一方面）之

---

① 关于良序（自由）社会的概念，可参见 Rawls（2001：8–9）和 Rawls（1999a：part 1）。——经常被引用的对于全球正义之充足主义理解的理由是否与对代际关系的理解有关，以及它们是否在事实上更有力地代表了代际关系的充足主义概念而非国际关系的充足主义概念，这是另一回事。

间如何进行权衡（Pigou，1920：§9；Viner，1920；Mishan，1963）。自古以来就存在着保护后代福祉的规定（Auerbach，1995：27－35）。

罗尔斯提出了一种"正义储蓄"原则，但他从未讨论过非同一性问题，在他的大部分讨论中，他假设后代人的数量是恒定的。[①] 然而，他的"正义储蓄"原则可以被理解为对代际充足主义做出了一种尤为合理（当然也最为显著）的实质性理解。该原则可以被理解为在不同选择下对于伤害的门槛概念做出的一种解释（Reiman，2007；Attas，2009）。

罗尔斯界定了与当代人对未来世代之正义义务的界定有关的充足主义门槛，"这些条件是建立和长期维持一种正义的基本结构所需要的"（Rawls，2001：159；关于基本结构作为充足主义原则应用的主体，可参见 Freiman，2012：33－37；Meyer，2015）。为了确保正义储蓄原则的适用性，罗尔斯区分了社会发展的两个阶段。只有当储蓄对于让后代人达到所界定的充足主义门槛来说是必要的，目前活着的人才有一种正义的理由来为后代人储蓄。这被称为积累阶段。一旦公正的制度被牢固地建立起来——这被称为稳定状态阶段——正义就不再要求人们为后代人储蓄。相反，当前世代的人们应该做的事情是，确保后代人能够继续生活在正义的制度下。罗尔斯还认为，在第二阶段，人们应该给他们的后代留下至少相当于他们从上一代人那里得到的东西（关于罗尔斯实质性原则的比较评估，参见 Gosseries，2001）。这一额外的主张可以从支持平等的假定观点（Sidgwick，1907：379－380）和下一节（2.4.6节）中所描述的考量那里获得。

正如罗尔斯著作的特点所展示的那样，他把正义的储蓄原则视为在契约主义（假设的和非历史的）原初状态的决策情境中达成的决定。哪些人处于原初状态？罗尔斯所考虑的原初状态中包括了所有世代。然而，由于所构想的立约者之间的关系并不具备"正义的环境"，罗尔斯所理解的正义问题就不会在代与代之间出现：我们无法与过往世代合作；虽然过往世代可以使我们受益或者受损，但我们却无法使他们受益或者受损。[②]（Rawls，1971：291）因此，罗尔斯为了讨论代际正义问题而调整了对于原初状态（随时进入）的解释（Rawls，1993：274；Rawls，2001）。立约者们知道他们属于某一个世代，但"无知之幕"（即缺乏关于诸如社会性别、种族、社会地位以及善观念等与个人特征有关的知识）使他们

---

① 罗尔斯已经潜在地接受了一种充足主义观点，他不仅声称原初状态下的各方会理性地倾向于平均功利而不是古典功利主义原则（总和最大化原则），而且会"同意某种平均福利的最低额"（Rawls，1999a：140－141）。

② 对这一主张的批评参见 Gosseries（2001：318－319）。对于罗尔斯相关主张的批评，即对于差异原则在跨国语境下不适用（Rawls，1999a：113－120）的批评，参见 Pogge（1994），尤其是第211－214页。

不知道自己属于哪一代人〔Gardiner（2009：97 - 116）以及 Heyd（2009a：170 - 176）对于契约论如何扩展到代际关系的主题进行了比较分析〕。从原初状态出发，立约者们决定了一个正义的储蓄率。

虽然正义的环境在同代人之间明显成立，但立约者无法知道过往世代是否为他们进行了储蓄。那么他们为什么同意为未来世代储蓄呢？在《正义论》中，罗尔斯规定了"一个动机假设"，根据这个假设，立约者们关心他们的后代，因此他们想要为他们的继承人储蓄——无论过往世代是否为他们进行了储蓄。在《政治自由主义》中，罗尔斯取消了这个动机假设。在这里，他把过往世代不服从正义的储蓄原则理解为一个非理想理论的问题。① 然而，原初状态属于一种理想理论：假设达成一致的任何原则都得到了严格服从（Rawls，1971：144 - 145）。罗尔斯只在非理想理论的层面上引入了部分服从和不服从的问题（Rawls，1971：ch. 4）。根据对理想理论的这种理解，罗尔斯假设各世代之间是相互冷淡的。他要求立约者们一致达成一种储蓄原则，"只要过往世代都遵循了相同的储蓄原则"，罗尔斯继续说："因此，正确的原则是，任何一代（和所有各代）的社会成员所采用的原则，也正是他们自己这一代人所要遵循的原则，亦是他们可能要求前面各代人（和以后各代人）所要遵循的原则，而无论往前（或往后）追溯多远。"（Rawls，1993：274；Rawls，2001：160）因此，达成一致的正义储蓄原则被认为对所有过往世代和未来世代都有约束力。②

2.4.6　以权利为基础的解释之局限性：对未来的义务

到目前为止，本章主张将代际正义解释为一种以充足主义门槛为核心的概念。该论点一定程度上是对非同一性问题的回应。对于伤害的门槛概念所做的充足主义解释（以及错误行为的适当概念）为我们提供了我们亏欠后代人何种义务的合理解释：后代人的存在依赖于我们当下的决定——这一事实并不重要。问

---

① Rawls，1993：274。对于他在《正义论》中所提观点的批评，参见 Hubin（1977：70 - 83）；English（1977：91 - 104）；Heyd（1992：41 - 51）。

② 罗尔斯没有讨论正义的储蓄原则是否影响以及以何种方式影响生活在未来的人们之数量这一敏感问题——然而，未来有多少人活着，对于确定我们应该"储蓄"多少显然是重要的。参见 Heyd（1992：47）；Dasgupta（1994）；Casal、Williams（1995）；Barry（1999：107 - 111）；Gosseries（2001：330 - 333）。正义的储蓄原则间接地关注后代人的数量问题：选择那些有更多的人存在的遥远未来（而不是正义的制度）至少是不正义的。通过避免讨论后代人的数量与具体的正义储蓄率的相关性，罗尔斯可能更好地限制了非同一性问题。但同时罗尔斯也没有解决我们应该如何应对过往世代没有依据正义的比率进行储蓄的影响的问题（Dasgupta，1994：107 - 108）。

题在于，我们有能力损害后代人的利益并侵犯其权利。通过使用一个非比较性的伤害概念，人们可以证明当代人有义务不去侵犯未来世代不受伤害的权利。因此，以权利为基础的考虑可能不仅仅影响到"同一人群的选择"，而且也会影响到帕菲特所区分的两种"不同人群的选择"，即"相同人数的选择"（无论现在的选择是什么，未来有相同数目的人活着）以及"不同人数的选择"（依据我们现在的选择，未来有不同数目的人活着）（参见 Parfit，1984：355－356）。因此，代际充足主义使我们能够明确与人口政策之决策有关的正义考量。后代人对我们当代人拥有提出要求的权利，这些权利反映了代际充足主义所界定的正义考量。我们的相关义务为我们那些涉及后代人的大多数决定——包括那些对后代人的身份和数量有影响的决定——设定了一个规范性框架。

然而，这样的框架并没有为代际关系，尤其是那些与后代人的存在、数量和身份有关的决策提供一种完整的道德理论。我们中的许多人对后代人有着共同的关切，这些关切不能用以权利为基础的考虑来解释（Jonas，1979；Heyd，1994、2009a；De-Shalit，1995；Meyer，1997；Thompson，2009；Scheffler，2013：60－63、72－73、80－81；Sanklecha，2017a、2017b）。首先，我们中的许多人认为，后代人是很重要的。然而，个人影响论的代际充足主义却这样来解释我们的生育义务的不对称性：一方面，如果他们原本会有的孩子（们）的生活将会低于相关的充足主义门槛，未来的父母应当出于对孩子（们）的考虑而放弃生育。另一方面，人们没有义务为了未来可能存在的孩子之利益而进行生育。可能存在的人们并不拥有被带到这个世界上来的权利（我们也没有相应的生育义务）。其次，我们中的许多人认为，后代人应该有一个远远高于伤害的门槛概念所界定的福祉水平的生活。[1] 这部分地反映了许多人的第三个关切：后代人应该能够分享（至少在某些方面）目前活着的人们所拥有的独特生活方式。但是，可以肯定的是，如果当代人未能确保后代人享有当代人的生活方式，那么，当代人就并非侵犯了后代人的权利。因此，基于对后代人权利的考虑，我们不能把这样一种未来（在其中，所有人的生活水平都远远高于充足性门槛）看得比后面这种未来（在其中，没有一个人的生活水平高于充足性门槛）更重要。[2]

在指导我们做出与后代人有关的决策方面，权利考量的这种不充分性并不仅

---

① 然而，这将取决于非比较性伤害概念的实质内容。人们可能认为，目前活着的人对未来实际存在的人之福祉的关注完全被非比较性伤害概念的实质内容所涵盖了。

② 笔者并不排除这种可能性：人们出于对实际的（目前活着的或未来的）人的利益的考虑而承担一些生育义务。另外，笔者承认，很难想象我们会处于这样一种境地，即我们与地球上的后代人之间的关系仅仅是我们的生育选择问题，而不需要考虑实际的后代人的利益。一个原因在于，到目前为止，在许多甚至大多数情况下，生育并不是人们主动选择的结果。

限于与人口政策有关的决策。当我们需要在这两者——即确保实际存在的后代人拥有足够好的生活条件和确保实际存在的后代人能够生活在充足主义门槛水平之上——之间进行选择时，这种不充分性就会体现得相当明显。例如，如果后代人拥有某些针对我们的福利权，那么，基于对后代人之权利的考虑，我们将禁止选择消耗资源的政策。然而，这种考虑并不足以指导我们在不同的资源保护政策（它们对后代人有望享受的生活质量会造成不同的影响）之间进行选择。

显然，对于未来世代权利的考虑不能或者不能全部用来解释我们可能对后代人所怀有的关切。除了以权利为基础的考虑，还有哪些考虑可以用来规范我们与后代人之间的关系呢？有人认为，对于人类在地球上的生活保持高福祉水平的广泛关切，至少在一定程度上能够解释当代人对于后代人的义务，而这种义务与后代人拥有的针对当代人的权利是没有关联的。这种义务反映了人们对于后代人的广泛关切，这些关切是不能用权利考量来解释的。这种义务可以沿着以下思路来描述：当代人应该尊重他们的前辈遗留给他们以及更遥远未来的人们的高价值财富，他们也应该尊重他们的同代人朝向未来的高价值谋划。这种应有的尊重引起了一种普遍的义务，即当代人不应该故意破坏所继承的财富以及构成人们追求朝向未来之谋划的条件。也就是说，这种尊重引起了一种普遍的义务，即不能故意破坏人们追求朝向未来之谋划所依赖的社会实践。虽然未来世代是受益者，但这项义务同时属于当代人和前代人（Baier, 1981; Meyer, 2005; Thompson, 2009）。

2.5 过去错误行为的意义

代际正义关注代际关系。到目前为止，我们主要讨论了目前活着的人和未来世代之间的关系。本节将讨论三个议题，这三个议题是对前代人和当代人之间的关系进行哲学研究的核心问题；它们对于我们理解过去发生的事情（尤其是过去的错误行为）与当代人（和后代人）的正义要求之间的关系也十分重要：首先，如何理解目前活着的人受到了历史上不正义的负面影响？其次，当情况发生变化时，过去错误的持续影响能否成为合法的？最后，我们需要解决已经去世的人们的道德地位问题，尤其是已经去世的不正义的受害者的道德地位问题。

2.5.1 非同一性问题和对赔偿的要求

就过去的施害者施加给过去的受害者之错误行为而言，非同一性问题引起了以下的一般性问题：如果过去的人没有遭受这些伤害，今天的（潜在的）索赔人可能就不存在，那么，今天的人们如何能够针对过去发生的错误行为而提出正义的赔偿要求呢？（Morris，1984；Kumar、Silver，2004；Kershnar，2004：70 - 75；Meyer，2004b、2013）有几种关于历史赔偿之正当性的理解会遭遇非同一性问题。在此，我们将基于过去的不正义与今天活着的人所遭受的伤害两者之间的因果关系，来讨论当代人对历史上的伤害补偿提出的正义要求。因果关系至少可以通过两种方式构成：过去的受害者在过去的犯罪者手中遭受的伤害对目前活着的人造成了额外的伤害；或者过去的犯罪者的伤害活动在伤害过去的受害者时也伤害了目前活着的人。在 2.5.3～2.5.4 节，我们探究了是否可以对过去的受害者进行赔偿的问题。把某些利益给予过去的受害者目前在世的后代，这可能被认为是对过去的受害者在过去的犯罪者手中所受伤害的适当赔偿。

例如，非裔美国人的祖先在非洲被绑架并随后被奴役，遭受了可怕的不正义，他们是否有要求赔偿的正当权利？[①] 让我们把一系列具体的法律问题放在一边，例如诉讼时效和赔偿责任。我们还假设，有时候可以准确地辨认出奴隶的直系后裔。参考罗伯特的例子，他被认定为奴隶的直系后裔（Fishkin，1991：91 - 93）。人们能够因为他们所遭受的痛苦而要求赔偿。作为奴隶的后代，罗伯特是否因其祖先遭受的不正义而受到伤害？我们先来简要考虑一下虚拟 - 历史性的伤害概念（2.3.1 节）。根据对伤害的这种解释，当一个人的境遇与没有实施某一行为时一样好，就可以理解为此人得到了该行为或政策（或事件）的充分补偿。[②] 根据对伤害的这种解释，罗伯特并没有因为他的祖先被绑架和被奴役而受到伤害。如果他的祖先没有被绑架和奴役，罗伯特今天就不会存在。他的存在取决于他的家族系谱链在任何时候都没有断裂这一事实。因此，他的祖先最初在非洲被绑架、被贩运到美国，以及被奴役——这些都是罗伯特出现的必要条件。如果他的祖先没有这样的遭遇，他也不会有更好的境遇。因此，我们不能依靠对伤害的这种解释以及附带的对赔偿的解释来声称罗伯特受到了伤害，并且应该得到赔偿。这一解释所要求的事态意味着索赔人并不存在。[③]

对于这种说法，我们可以从几个方面来回应。正如我们在 2.3 节和 2.4 节的

---

① 关于美国奴隶的后裔索赔的问题，参见 Bedau（1972）；Boxill（1992）；Brooks（1999）；Soyinka（1999：44 - 69）；Fullinwider（2000）；Lyons（2004b）；Miller、Kumar（2007）。关于对历史上的不正义与群体的政治自决或自治要求之间的相关性的分析，参见 Buchanan（1991）；Brilmayer（1991）；Thompson（1990）；Kymlicka（1999）；Gans（2001）；Miller、Kumar（2007）。

② 人们可能会受到一些事件的伤害，例如，受到自然灾害的伤害。以下推理适用于这种事件发生在因该事件而要求获得赔偿的人出现之前。

③ 我们也不能依赖历时性伤害概念。它预设了后代人的福祉状态取决于其祖先所受到的错误对待。然而，目前在世的非裔美国人很可能会因为对他们或他们较近的祖先造成的伤害，而根据虚拟 - 历史性的伤害概念提出赔偿要求（Lyons，2004a）。

讨论中所提议的那样，除了常见的依赖于身份的伤害概念之外，我们还可以考虑一个与身份无关的伤害概念。考虑一下第三种门槛伤害概念。根据对伤害的这种解释，如果一个人的境遇不低于界定的标准，就可以理解为此人得到了对一个行动或政策（或事件）的充分补偿。根据这种解释，罗伯特会受到伤害是因为他的祖先被绑架和奴役。罗伯特是否因其祖先的遭遇而受到伤害，取决于他们的遭遇是否导致罗伯特的生活水平低于所界定的福祉标准。然而，这在罗伯特的例子中是否是真实的，取决于过去的不正义和他当下的福祉状态之间是否存在因果关系。使用对伤害的这种解释以及附带的对赔偿的解释，需要对其他人今天应该怎样为过去的不正义提供赔偿进行前瞻性的评估。[①] 当我们依据这样一种伤害的门槛概念来分析历史索赔时，过去的错误行为对当前生活的人（以及未来世代）之福祉所产生的因果关系将决定其当下的规范相关性。要履行我们对当代人和后代人的义务，很可能需要对他们的前辈所遭受的严重伤害进行补偿。然而，他们的前辈受到了委屈，这本身并不足以使他们的后代在今天提出合理的赔偿要求。因此，根据上文（2.4 节）所讨论的伤害的析取概念Ⅳ，当代人有义务赔偿那些因其前辈所经历的不正义之持久影响而在当下遭受伤害的人，即使向他们提供赔偿的理由与赔偿那些其身份不依赖于伤害行为（或被伤害行为改变）的人的理由不同（而且该理由可能也没那么重要）（参见 2.4.2 节）。

　　然而，对于评估因最近的不正义而获得赔偿或补偿权利的有效性，非同一性问题没有什么实际意义。首先，在确认错误行为造成的现存的受害者时，不会出现非同一性问题。对于现存的受害者所造成的伤害可以按照对于伤害的普遍认识来理解：过往的错误行为导致了这些人的境遇比没有该行为或政策时更糟。这些人应当因为他们所受到的伤害得到充分的赔偿，得到赔偿后，他们的生活水平与没有执行该政策时一样好。

　　其次，考虑一下这样的例子，即人们被不正当地驱除出他们的祖国并且没有得到对于他们所遭受之错误行为的赔偿。对于他们的后代来说，如果他们的父母

---

　　① 对过去错误行为的规范性意义进行前瞻性评估的相关性和重要性已经得到了强调，例如，Lyons（1977）；Waldron（1992b）；Ackerman（1992：72 - 73）；Elster（1993）；Ackerman（1997）；Tan（2007）；Wenar（2013）；Meyer、Waligore（2018）。关于将我们的义务建立在后溯性推理（backward-looking reasoning）基础上的正义理论，参见 Nozick（1974：152 - 153）。该理论依赖于反事实的推理。相关批评参见 Lyons（1977）；Sher（1981）；Waldron（1992b）。仅仅出于认识论的原因，诺齐克建议，将罗尔斯的差别原则（一种前瞻性原则，界定了未来的应然状态）理解为对历史上的不正义进行"矫正的大致的经验规则"（Nozick，1974：231）。这种观点并没有解决文中所讨论的非比较性伤害概念的不适用性问题。关于其他对于过去的行为在规范意义上如何重要的非个人性解释，参见 Vallentyne（1988）、Hill（1991）、Feldman（1997）。

和（曾）祖父母没有被驱逐，他们很可能就不会存在。然而，这些后代可以说是额外错误行为的受害者，因为他们的父母没有因其所遭受的错误行为而得到赔偿。可以说，由于没有对这些人的父母进行充足的赔偿，这些个体的后代从孕育或出生就受到了伤害（Sher，2005；Butt，2006；Cohen，2008；Herstein，2008）。同样，对他们的伤害可以按照对伤害的共同认识来理解。如果那些有义务向第一代流离失所者提供赔偿的行为体没有（完全）履行他们的义务，他们就会伤害第一代流离失所者的后代，使这些后代的境遇比其原本会有的境遇——如果第一代人已经获得了（充足）的赔偿——更糟。这种论证方式可以延伸到第二代、第三代、第四代，等等：第 X 代流离失所者会由于他们受到的伤害而得到充分的赔偿，即，如果第一代流离失所的人得到了他们应得的赔偿，那么，赔偿的后果就是第 X 代人的境遇会与他们这代人应有的境遇一样好。很明显，按照这种理解，后代的赔偿要求虽然不必涉及非同一性问题（Sher，2005），但是亏欠他们的究竟是什么这个问题，将取决于如何最好地理解那些与确定相应赔款金额相关的反事实的情况。在这里，我们不讨论如何最好地理解相关反事实的复杂问题（Sher，1979、1981）。

可以肯定的是，人们要求赔偿的合法性取决于他们的行为（和不作为），以及这些行为对他们的福祉的影响。当然，这些行为（和不作为）只有人们在某些条件下——例如在理性自主的框架下——做出行动或不行动（act or not act）的决定时，才可以被规范地归因于这些人。如果人们没有做出相关的决定，那么，后代要求赔偿（基于最初遭受伤害的第一代人未能获得充分赔偿这一理由）的力度可能会随着时间的推移而减弱。后代的福祉越是可以被归因于他们自己或者中间世代的成员们的行为或不作为，这种虚拟状态（即，如果直接受害者得到适当赔偿就会出现的事态）与确定间接受害者的索赔要求之间的关联性就越小。然而，由于施害者的后代继承了历史上的不正义所带来的好处，历史上的不正义很可能导致目前生活机会的不平等分配，这种不平等分配还是系统性的（Butt，2013）。

我们需要针对每个案例来评估这些要求的实际意义。对于直接受害者的前几代后裔的赔偿要求，该主张可能没有什么实际意义。他们的祖先所遭受的伤害并不遥远。因此，受害者的后代基于这一理由——由于最初受到的伤害未能得到适当赔偿而对他们造成的伤害——而提出的赔偿要求可能是强有力的。

2.5.2　历史的不正义的消除

现在我们要将目光转向对历史索赔的有效性产生怀疑的第二个来源。人们在过去做出的不正义行为可能无法推导出现在的赔偿要求，如果这种要求被理解为预设了对财产权利的一种站不住脚的解释。杰里米·沃尔德伦认为，由于存在一些原则性的理由①，以下这种观点是无可辩驳的：一旦我们获得权益，这些权益就会延续下去，直到我们转让或者放弃它们，这些原则性的理由表明，权益和权利对于时间的推移和环境的改变是敏感的（Waldron，1992a；Waldron，1992b：27；Waldron，2002；Waldron，2003；Waldron，2004a；Waldron，2004b：37；Waldron，2006a；Waldron，2006b；Waldron，2007；Quist、Veraart，2009；Lyons，1977）。由于过去的不正义，所谓权利的"消除"（sepersession）② 可能会在这几种改变了的环境下发生，这与对分配的考虑、与特定对象的联系、群体身份以及主权有关（Meyer、Waligore，2018）。沃尔德伦针对美国、加拿大、澳大利亚和新西兰的原住民提出了消除论题，其他人也在这一语境下讨论了这种理念（Patton，2005；Sanderson，2011；Spinner-Halev，2012；Waligore，2016、2017、2018）。这一消除论题也被用于讨论以色列/巴勒斯坦（Meisels，2003、2009；Meyer，2004b；Gans，2008）、斐济（Carens，2000）以及受气候变化威胁的太平洋岛国的问题（Nine，2010）。这种消除论题在那些对过去的不正义进行赔偿持有怀疑态度和支持态度的理论家中都产生了很大影响（Kymlicka，1995：220；Thompson，2002；Hill，2002；Wenar，2006；Nine，2008；Meyer，2004a：16 - 23；Waligore，2009；Marmor，2004；Hendrix，2005；Kolers，2009；Butt，2009：145 - 148）。

首先，根据沃尔德伦的观点，土地权（entitlement to land）是基于这样的观点：这种权益可以成为人们作为个体和群体成员的生活计划和谋划的组成部分。土地权对于人们能够自主地实现其生活中的某些特殊目标而言至关重要。当情况发生改变时，该权益可能在这个意义上不再重要，或者其规范性意义有所减少。例如，如果原主人与土地分离，他们的权益可能会随着时间的推移而减弱。与土地分离后，土地权对于原主人自主实现其生活方式可能就不再重要了。因此，总的来说，权益对于背景情况很敏感，它们很容易失效。正如沃尔德伦所说，财产权是一套具有"环境敏感性"的索赔权利、自由权利和权力。③

其次，如果合法权益对背景变化很敏感，那么，当环境发生改变时，对非法所得的持续占有以及（更为一般地）对他人权利的持续的不正义侵犯，都有可

---

①　这里我们并不讨论那些实用性理由，诸如诉讼时效以及逆权侵占原则（Marmor，2004：326 - 329）。

②　下文将依据语境分别将 sepersession 及其动词形式 supersede 翻译成"消除""取消"或"消失"——译者注。

③　正如莱昂斯在其著作中所说的那样，"财产权本身（不仅仅是其行使或者内容）是依赖于环境的"（Lyons，1977：370）。

能合法化。沃尔德伦关于权利消除的最主要的例子涉及对"分配的考虑"。沃尔德伦认为，任何合理的财产理论都必须是对"环境敏感"的，并且因此必须允许财产权被取消的"可能性"（Waldron，1992b：25）。① 他举了这样一个例子：一个群体（闯入者）侵犯了另一个群体对某个池塘的合法权利，这种侵犯被生态灾难掩盖了，这样，闯入者就获得了一种权利来分享他们最初以错误的方式占有的池塘。在这种情况下，"他们有权来分享那个池塘。他们对于（这个池塘）的使用不再被视为不正义的行为；这恰恰是现在所需要的正义的一部分。最初的（第一个群体对于第二个群体的）不正义由于环境的改变而消失了"（Waldron，2004a：67）。因此，正义可能要求土地的原主人与其他人分享他们的土地，甚至原主人可能被要求与那些非法占有该土地的人分享。

再次，权利的消除可能因群体身份的变化而发生（Waldron，2006a、2006b；Waligore，2009；Fletcher et al.，2014）。沃尔德伦所认可的历史不正义之受害者可以是群体或者组织，例如部落和政府，它们可以跨越好几代人而存在（Waldron，1992b）。沃尔德伦关心的是，我们出于什么目的想要把一个群体称为是同一个或者不同的群体。如果我们的正义理论关切个体的需要，那么这可能会很重要：即在过去，这些群体为个体提供了一个他们可以在其中生活的结构。然而，如果这些群体不再是做这件事的最佳人选，那么历史上的不正义可能就被取消了。这个群体在名义上还是同一个，但在履行与正义有关的职能的意义上，它（在发生取消的地方）不再是那个群体。

最后，沃尔德伦反对将主权归还给那些今天无法履行预期治理职能的群体。在以前盛行着老旧的非民主的合法性观念时，剥夺一个群体的主权可能是错误的。可以说，如果现在盛行的是民主的合法性观念，那么，这样一个群体就不应该重新获得主权。另外，在盛行的合法性观念改变时，该群体的主权也可能被取消（Waldron，2006b）。可以认为，如果与原住民群体所签订的条约按照改变后的公平标准被判定为不公正，那么，这些条约就应被取消（Waldron，2006a）。

即使是所谓远古的历史不正义，人们也会怀疑，取消它的条件是否完全满足了（Patton，2004：167－171）（因此，没有任何历史要求是持续有效的）。对于最近的不正义，取消它的条件也往往不具备（Lyons，2004a：296；Meyer，2007：301－305）。人们可能也会怀疑是否应该将不正义之取消理解为最终的结果。为了说明历史不正义的现实案例及其后果的复杂性，区分"部分取消"和

---

① 参见 Waldron（1992b：24）、Waldron（2004a：67－71）。取消理论只涉及过去不正义的持续性影响。声称不正义被取消了，既不意味着过去对权利的不正义侵犯是正义的，也不意味着这些侵犯应该被视为正义的。即使某些不正义被取消，我们也有义务公开承认所犯的错误，并向受害者提供赔偿（例如象征性的赔偿）。

"完全取消"（Meyer、Waligore，2018：227 - 228）以及"最终取消"和"潜在取消"（Meyer、Waligore，2018：228 - 229）可能是有帮助的。

即使原始情境是不公正的，也并不一定意味着不正义已经完全消失了。原始情景可能存在一定的道德合理性，它的不正义性可能已经部分消失了。再次考虑一下池塘的例子。在一场自然灾害发生后，除了一个池塘以外，所有的池塘都干涸了，现在这两个群体分享这个池塘就可能是正义的。但分享的正义条件是什么？仅仅因为应该分享，并不意味着现有的分享是正义的。我们根本不可能恢复到不正义发生之前的原初情景。我们可能需要做进一步的调整来使现有的情况变得正义。如果我们认为需要"取消"的情景包括这种情景，即在这种情景下，完全回到不正义发生之前的情景反而是不公正的，那么，我们经常讨论的将会是部分取消：这时历史索赔仍然具有一定的分量。如果我们把"取消"理解为"完全取消"，那么，基于历史不正义的要求权在确定何为历史的应然状态时就没有分量。

此外，在闯入者的池塘干涸后，这两个群体分享唯一存留的池塘可能是正义的。我们可以声称，（完全的或部分的）权利的取消在当下已经发生。但如果闯入者的池塘能够被再次蓄满，那么原住民群体无疑可以反过来使用那个池塘。如果是这样的话，那么历史的权利，或者由这些权利所衍生的一些要求权，就可以被恢复。这些要求在某一时期是潜在的，但随着未来情况的改变，这些要求权就变成了正义的相关因素。另外，权利的取消可能会是永久性的取消（最终取消）。想象一下，在最初入侵的群体与另一群体分享沙漠中唯一的池塘期间，他们已经把该池塘当做自己的家。如果后来出现了另一个距离遥远的池塘，同时，他们可能已经与现在可以被称为他们（共享）的池塘建立了相关的联系。事实上，如果新来的人在池塘边生活的时间足够长，那么，在分配资源的份额和结社条件方面给予原初群体成员以优先权可能会变得不正义（Meisels，2009）。更为民主的合法性观念可能会盛行，例如所有人都有平等的发言权。在一个新的池塘重新出现之前，可能需要所有分享这个池塘的人成为民主社会的正式成员，这意味着不能对他们实行违背他们意愿的驱逐，权利（被入侵的群体独自享有该池塘的权利——译者注）的这种取消就可以说是正义的。

2.5.3　存续的义务

所以，我们的确应该努力去抵消过去的错误对现在和未来人们的福祉所造成的负面影响。然而，对过去不正义行为之相关性的阐释是不完整的，如果将这种阐释理解为我们应该如何应对这一事实——即过去的人受到严重损害——的一种说明的话。这一点是不会改变的，不管我们是否相信，在某个特定的历史不正义案例中，目前活着的人由于是历史不正义的间接受害者而能够提出有效的索赔要求。即使我们认为，非同一性问题排除了目前活着的人是历史不正义之（间接）受害者的可能性，或者所考虑的历史不正义已经消失，我们也不希望否认前代人受到了损害。过去错误行为的道德意义并不完全在于它们对现在和未来的人们的福祉的影响；相反，过去错误行为的意义还在于过去的人们曾经是这些不正义的受害者。我们需要探究的问题是，我们对那些已经去世的过去不正义行为的受害者负有什么义务。正如这里所描述的那样，基于非同一性的解释是在误导我们，使我们认为我们并不亏欠他们——用霍克海默的话来说，"过去的伤害发生在过去，并且事情终止于过去。被害者是真正的被害者"①。

对于许多人来说，从直觉上看，由于过去（其他人）对受害者犯下的错误，当代人对死去的受害者负有义务。如果这种直觉可以得到辩护，那么我们对过往世代的义务就是建立在过去的行为之上的。这就意味着，至少历史不正义的某些方面不能通过某种具有历史感的、关于同代人之间（或同代人与后代人之间）的正义理论来加以解释。

如果我们假设人们在身体死亡后继续存在，并且他们可能受到这个世界的事件的影响（并且他们会对这个世界的事件产生影响），那么，把权利赋予逝者似乎没有问题。然而，这些关于以前活着的人的本体论地位的假设，至少和他们的反面一样具有争议性（Mulgan，1999：54 – 55）。在接下来的讨论中，我们将在以下假设的基础上进行，该假设可以说是在相互竞争的两种观点之间占据了一个合理的中间立场：

（A）要么逝者不存在（a_1），要么，如果他们确实存在，他们与目前活着的人之间没有任何联系（a_2）。

换句话说，我们假设，当一个人死亡时，他/她与我们所知的物理世界之间的任何因果交互都会停止。

假设逝者不是利益或权利的拥有者，因此目前活着的人既不能伤害也不能损害逝者。范伯格和其他人讨论了其他两种关于死后伤害的解释。虽然两者的预设都与（A）一致，但这两种观点对于死后伤害或损害的理解都不能令人满意。根据第一种解释，我们可以说，当代人有义务保护某些利益——即这样一些利益：逝者活着的时候曾期望，在他死后事态还能像他所期待的那样发展。然而，虽然

---

① 这句话出自霍克海默 1937 年写给沃尔特·本雅明的信，引自 Tiedemann（1983：107）。

我们有理由关心个体，但我们并不清楚是否有理由关心这样的利益。根据第二种（重新）解释（Feinberg，1980、1977：301-302），死后事态的意义完全可以这样来加以说明，即在逝者还活着的时候，这些事态会给他造成伤害。然而，这种解释不是对于死后伤害本身的解释，而是关于死后事态对活着的人所带来的伤害的解释。这种观点已经被证明与我们对于死后事态意义的标准理解是不一致的（Gosseries，2004a）。

第三种解释涉及存续义务（surviving duties）的观点，它与（A）的预设一致，并且不依赖于任何受到批评的观点（Wellman，1995：155-157）。存续义务的观点与上文所介绍的两种观点在相关方面有所不同。存续义务的观点既不依赖于逝者能够拥有利益或权利的主张（与 a_1 观点相反），也不依赖于这种主张，即我们有理由关心那些目前不存在拥有者的利益（与 a_2 观点相反）。存续义务的观点并不拒斥这种看法，即目前活着的人可能会受到对他们而言是死后事件的伤害（例如，当人们在去世前不久得知他们非常关心的一个谋划注定要失败）。然而，存续义务的观点是为了回答另一个问题，即是否可以说当代人对逝者，尤其是那些过去不正义的受害者负有义务。

根据这种观点，义务在权利拥有者死亡后仍然存在。虽然权利拥有者已经不存在，但目前活着的人仍然负有相关的义务。存续义务的概念依赖于这样的观点：一个人拥有权利的那些理由，就是他人承担相关义务的理由，即使在权利拥有者死亡后，其他人也可能仍然要承担这些义务。如果这是一种道德权利，那么这些理由也将包括一般的社会理由，这些理由不仅与权利的拥有者有关，而且与存续义务的拥有者（们）、他（们）的同时代人（和后代人）有关。例如，我们都有理由来维护人们的信任，使承诺得到兑现并且使人们获得应有的声誉。存续义务的理由还包括那些能证明某人在过去拥有道德权利的理由。

我们所讨论的这种立场依赖于如下主张：有些权利是指向未来的，即它们把义务施加给未来的后代人。这样的权利可以施加存续的义务；这意味着，如果义务的恰当承担者被确认了，那么，即使在权利拥有者死后，这些义务仍然对义务承担者具有约束力。下面我们将借助一个例子来探讨存续义务的理由并说明这种义务的要求：一个人希望在死后设立科学奖。让我们把这个人称为"阿尔弗雷德·诺贝尔"，尽管我们并不声称这个例子与阿尔弗雷德·诺贝尔类似，而诺贝尔奖正是基于他的遗产。

"一种权利蕴含着一项义务"这一命题指的是，有效的权利蕴含着某些义务的存在。这种蕴含关系依赖于这样一种主张，即支持权利的理据包含了支持义务的（部分）理由。就上述指向未来的权利而言，支持人们在活着的时候拥有权利的那些理由，足以要求目前活着的人承担义务，即一种存续的义务。支持道德权利的那些具体的道德理由也属于这类理由。这些道德理由旨在保护一种道德上有价值的社会生活的条件。

假设诺贝尔暗自决定在死后设立一项科学奖。尽管他已经积累了实现这一意愿所需的财富，但诺贝尔并没有在他的遗嘱中写明这一意愿。诺贝尔和他的朋友芭芭拉一起在与世隔绝的山区徒步旅行时发生了意外，他和芭芭拉都意识到，在他们向别人求救之前，他就会死去。诺贝尔要求他的朋友向他承诺，她将确保他的财产用于设立这项科学奖，并且他的这一意愿将像是写在他的遗嘱中一样得到承认。

为什么芭芭拉应该遵守承诺？我们所讨论的这种立场的独特优势在于，它将存续的义务同时与逝者先前的权利和这样一些普遍的道德理由（它们与义务的承担者及其同时代人有关）紧密地联系在一起。首先，为逝者之权利提供依据的那些具体理由，同时也是支持存续义务之有效性的理由。将相应的权利赋予在世时的逝者的那些理由，包含着要求目前活着的人对逝者承担义务的一些理由。正是在这个意义上，我们对逝者负有存续的义务。例如，遵守临终承诺的存续义务是有效的，支持这种义务的一个特殊理由是，该承诺是给予逝者的，这就是为什么后者在世时拥有这样一种道德权利——即对他作出的承诺必须得到遵守——的理由。如果不认为义务的约束力来自逝者拥有的以未来为导向的权利这个事实，那么，存续义务就无法与关于（例如）临终承诺的解释区分开来，根据这种解释，遵守承诺的义务只属于我们的同代人（也可能属于生活在未来的人）。我们所讨论的这种立场与对此类案例作出的后果主义解释不同，它坚持认为，存续义务必然基于，尤其是基于那些支持以未来为导向之权利的理由，并且这些理由包含了将先前的权利赋予逝者的具体理由。[①]

到目前为止，我们已经探讨了人们对逝者负有义务的一类理由。这些理由蕴含在我们把相应的权利赋予逝者（在世时）的那些理由中。其次，承担对逝者的义务还有一些其他的理由。这些理由具有普遍性，因为它们涉及保护或促进那些对于社会生活质量很重要的价值。对于临终承诺而言，信任以及免遭背叛都十分重要。我们有理由去保护人们的这种信心，即承诺将被遵守。只要人们能够而且确实会对他们去世后的世界的事态拥有利益，只要追求这种利益对人们在世时的福祉非常重要（Meyer，2005；Scheffler，2013：42-43、52-53），那么，这对于人们来说就是重要的，即，其他人能够通过承诺或契约来约束自己；这意味着，承诺人在被承诺人死后将采取某些行动，而且当其他人这样做时，人们能够

---

① 帕特里奇在其著作中讨论了诺贝尔的例子，并且捍卫了关于临终承诺的规则–功利主义的解读（Partridge，1981：259-261）。

相信承诺会被遵守。对于这种承诺的遵守，信任是特别重要的，因为被承诺者将无法确定承诺是否被遵守。因此，这种承诺的遵守特别依赖于对人们的这种信心——即承诺将被遵守——的保护。同时，如果这些承诺经常不被遵守，这可能会破坏人们对承诺将得到遵守的普遍信心。承诺将被遵守——逝者的这一权利部分是建立在这些理由之上的。虽然权利和权利拥有者已经不复存在，但尊重权利的道德理由仍然有效，并且基于这些理由，承诺人的义务也仍然具有约束力。由于这些理由是一般的道德理由，它们不仅与权利的个体拥有者有关，而且也与相关义务的仍健在的承担者及其同时代人有关。权利拥有者的死亡没有让这些道德理由受到影响，而存续的义务一方面是基于这些理由，另一方面是基于将相应的权利赋予逝者（在世时）的特定理由。因此，如果一个人不遵守承诺，负有存续义务的他的同代人就有理由对他实施制裁。

人们可能会问，对存续义务的这种解释是否与这样的预设一致：逝者既不是利益的拥有者，也不是权利的拥有者，并且他们无法被当代人的行为影响。本章所阐释的存续义务的观点至少预设了死后财产归属的可能性，特别是其变化的可能性——这一假设已经被证明是合理的（Ruben，1988：223 – 231）。

2.5.4 执行象征性赔偿的行为来履行对去世的受害者的存续义务

存续义务理论是否有助于理解过去的人在过去受到严重损害这一事实的道德意义？我们将探讨这样一种观点：既然可以说人们（作为持续存在的社会的成员）有义务对过去不正义的幸存受害者和间接受害者进行赔偿，那么他们可能也有义务象征性地对过去不正义的已经死亡的受害者进行赔偿，即使这些人现在已经无法被我们的行为影响。

如上文所说，目前活着的人可能对过去的人们负有存续义务，即使我们既不能改变他们所经历的那些事情在他们生活中的价值（这是由于他们无法被人们在他们死后做出的行为所影响），也不能认为他们死亡后仍然是利益或权利的拥有者。到目前为止，本章在讨论对逝者的义务时，参考了诺贝尔和他的遗产的例子（的变体）。目前活着的人可以采取行动来违背他们所承担的存续义务，这种存续义务源于逝者曾经拥有的权利。目前活着的人对逝者负有特殊的存续义务，这是基于逝者以未来为导向的谋划、我们对他们的承诺以及我们与他们签订的契约义务。然而，并非所有人都有机会或希望能够对死后的事态产生特定的影响。并非所有人都以相关的方式来追求以未来为导向的谋划，也并非所有人都要求他人来实现对他们而言的死后事态。对此的一个看法是，由于逝者是历史不正义的受害者，目前活着的人可能对逝者负有存续义务。为了证明目前活着的人可能负有这样的义务，我们将不得不假设人们通常对死后的事态拥有利益。事实上，我们通常认为，人们都想在生前和死后享有良好的声誉。如果人们的权利受到侵犯，而且是严重的侵犯，那么，他们死后的声誉取决于他们被公开承认是这些错误行为的受害者，而其他人则被认为是做错事的人（Margalit，2002）。

在承认过去的个体受到严重伤害时，我们的这种承认并不能影响他们曾经的福祉。而且，这种承认不能当面对死去的受害者表达，而只能向目前活着的人承认——过去的人们所遭受的不正义。然而，如果我们确实对历史上那些遭受不正义的逝去的受害者负有存续义务，那么，通过公开承认他们所遭受的不正义来履行这一义务将改变我们与历史不正义的已故受害者之间的关系。正是过去的受害者所遭受的不正义，使得他们有资格要求我们，而我们必须在他们死后履行对于他们的存续义务。可以肯定，一个现存的人和一个故去的人之间关系的改变并不会给后者带来真正的改变。相反，关系的改变来自采取该行动的人的实际改变。

对于目前活着的人来说，要公开承认过去的人是历史不正义的受害者，在不同情况下需要采取不同的措施。他们可以通过间接的方式来表达他们对于过去的人作为过去错误行为受害者的承认，即为那些因其前辈所遭受的过去之不正义的影响而导致其应有的境遇更糟的人提供补偿，或者给这样一些活着的人提供好处——我们相信，已经去世的过去错误行为的受害者希望这些人（作为同一个群体的成员）的福祉能够得到提升。这种补偿的意愿表达对这一事实的承认，即逝去的人是过去错误行为的受害者。在这里，我想说的是，我们可以把对历史上的受害者进行适当纪念的活动理解为象征性的补偿和赔偿。

进行纪念活动是典型的做法，纪念活动致力于实现对那些不在人世的受害者的象征性赔偿。纪念活动可以是一场公开演讲、一个官方纪念日、一次会议、一个公共空间或者一座纪念碑——例如，一座雕像或一件装饰品。通常，这些纪念活动是为了纪念先前的成员以政治社会的名义所犯下的罪行，这个政治社会目前活着的成员现在想要针对这些罪行对受害者及其后代进行公开的象征性赔偿或补偿。自20世纪70年代以来，德国一直在举行这种纪念活动，并且有证据表明国际上存在象征性赔偿的做法。①

我们应该如何理解这种象征性赔偿的做法？一种解释依赖于以下这种基本观点：实际赔偿的价值——如果可能的话，我们想要达到的矫正或赔偿目标——至少部分地包含在象征性的赔偿活动中（Nozick，1993）。将实际赔偿的价值归于

---

① 关于波兰、德国和以色列大屠杀受害者纪念馆的比较（Young，1989：799—811）。关于对第一次世界大战纪念馆的解释，参见 Winter（1995）。当然，公共纪念活动可能会被用于（重新）肯定一些价值，这些价值与许多参与了象征性赔偿行动的人们可能希望表达的价值是不同的（Scarre，2014）。

象征性赔偿的活动，部分是基于象征性赔偿活动的表达价值。对于那些举行象征性赔偿活动的人来说，这些活动使他们有可能表达对过去受害者的态度——这些态度是赔偿活动的构成部分。象征性赔偿使那些举行这些活动的人有可能以这样一种方式来表达他们对人民的这样一种理解：人民希望并且将会采取真正的赔偿行为，如果这有可能的话。如果他们成功地举行了象征性的赔偿活动，那么，他们就坚定地表达了自己对公民的这样一种理解：这些公民会向先前活着的人提供实际的赔偿，如果这样可能的话。他们还将坚定地承诺，防止这种不正义现象的再次发生。

因此，象征性的赔偿活动对执行者来说是有价值的，因为这样做有助于表达他们的态度，这种态度对于他们的自我认知和身份认同十分重要。这些参与者认为自己是致力于支持受害者之正义要求的人，是准备为建立和维持一个正义的政治社会做出贡献的人。这是这些活动的实际后果，并且这一后果对于举行这些活动的人来说可能是非常重要的。①

然而，如果实施这些行动的人的目的仅限于实现上述目标，那么，他们就不能算是大功告成了。把具有象征意义的活动作为实现某些目标的手段来实施，这会导致该活动变味，从而改变举行该活动的初衷。仅仅通过实施那些具有某种特定身份的人才会实施的活动，这并不能使我们成为具有那种特定身份的人。虽然刚才所描述的象征性赔偿具有的那些自我认知的效果，可能是解释一个人为什么要这么做的重要因素，但是，在选择做什么的时候，行动者自己如果不能弱化或削弱这些活动对他本人的意义，他就不能全面地理解这些活动的价值（Anderson，1993；Raz，1986）。

象征性赔偿活动同样会对其他人产生影响，尤其是对于过去不正义的幸存者和间接受害者来说。象征性的赔偿活动能对这样一些人和群体产生影响：对过去因（例如）种族灭绝政策而被伤害的人们所遭受之痛苦的公开承认，与作为同一政策幸存者并因该政策而继续受伤害的人们的承认，以及与作为该政策的间接受害者并继续受伤害的人们的承认密不可分。那些举行象征性赔偿活动的人们将会希望为那些因为过去同样的错误行为而在当下遭受痛苦的人提供一些实际赔偿，希望帮助那些正在遭受类似不正义待遇的人，希望防止这种不正义行为的再次发生。② 象征性赔偿行动的理由为在可能的情况下进行实际的赔偿提供了理

① 安德森提供了一种关于表达性推理以及表达性推理与后果主义推理之间关系的理论（Anderson，1993）。

② "绝不重演！"——这也是阿根廷真相委员会报告（1984 年）、巴西秘密编写的报告（1985 年）以及乌拉圭非政府组织报告（1989 年）的标题（Nino，1996：78–82；Weschler，1990：235）。

由。象征性赔偿有助于向幸存的受害者或群体提供援助，使他们恢复或重新获得其各自社会的成员身份和认可，从而使他们能够再次在正义的条件下生活。[①]

这里所理解的象征性赔偿表明，我们能够承认前代人是不正义的受害者，而无须预设他们是某些利益或者权利的当下拥有者。人们在世时通常都对享有他们应得的声誉拥有权利和正义的要求，同时，他们的正义要求的理由即使在利益和正义要求的拥有者不存在之后也能使我们承担义务，在此意义上，我们举行的象征性赔偿活动就可以被理解为履行对过去受到伤害的逝者的存续义务，即恢复他们在死后应有声誉的义务。

结　论

当代人承担着两种代际正义的义务：不侵犯后代的权利（2.2 节）和（至少一些目前活着的人很可能有义务）基于过去的犯罪者施加给受害者的痛苦而向同代人提供赔偿（2.5 节）。[②] 通过探究伤害的门槛概念——这一概念可以被理解成代际正义的充足主义概念的核心要素（2.4.4 节），但也可以被理解成代际正义的其他实质性理解的要素（2.4.2 节和 2.4.3 节）——我们可以证明，关于当代人负有两种义务的结论是合理的。基本需求或核心能力是对代际正义的充足主义解释的合理指标，这种解释依赖于伤害的门槛概念（2.4.1 节）。伤害的门槛概念可以被理解为对于伤害的复杂理解（析取概念）的构成要素（2.3 节，特别是 2.3.4 节）。

我们与（遥远的）未来世代关系的特点——尤其是缺乏具体的知识、合作的不可能性以及影响的永久不对称性（2.1 节）——并不妨碍我们把权利赋予他们，因此我们对他们负有相应的义务（2.2 节、2.3 节）。过去的错误行为是目前活着的人之存在并拥有其身份的必要条件之一，这一事实与以下观点是一致的：由于过去的错误行为对他们的福祉造成了影响，这些人有权利获得赔偿，这些权利可以作为他们的同代人所负有的相应义务的基础（这是对过去不正义之意义的一种前瞻性理解）（2.5.1 节）。即使当我们考虑到过去不正义的持续性影响有可能在今天成为正义的，即由于相关条件的改变，我们将不得不调查每个案例在何

---

① 例如，罗姆人（吉卜赛人）曾经是纳粹出于种族动机所造成的种族灭绝的受害者——这一事实长期以来一直被否认，造成的结果是大多数幸存的受害者以及被害者的后代被排除在补偿和赔偿之外（Meyer，2005）。

② 汤普森讨论了将这种义务归于当前持续存在的政治社会（如国家）的现任成员的原因，这些社会的前任成员以社会的名义犯下了令人震惊的错误，并对目前活着的人们造成了有害的后果（Thompson，2002）。

种程度上符合取消历史索赔的条件。如果发生了对历史索赔的取消，这很可能是部分的和暂时的，而不是完全的和最终的（2.5.2 节）。

对于基于权利的代际正义观不仅影响到"同一人群的选择"，也影响到帕菲特所区分的两种"不同人群的选择"，包括他所说的"相同数目人群的选择"（2.2 节、2.3 节）。然而，对于人类生命的延续和高水平福祉的广泛且共同的关切，不能仅仅通过基于权利的考虑来解释（2.4.5 节）。另外，过去错误行为的道德意义不应该仅仅从这些不正义对现代人和后代人福祉的影响来解释。如果我们承认，代际关系不完全受具有相关权利的义务概念的支配，那么，我们能够承担对于逝者（他们并不是那些拥有针对当代人之权利的主体）的存续义务（2.5.3 节至 2.5.4 节）这一看法，与对历史不正义之意义的前瞻性理解并不矛盾。同样，我们对于后代人负有义务，但后代人并不是那些与我们的义务相对应之权利的当下承担者——也就是说，我们有义务不去故意破坏我们从前辈那里继承而来的财富和那些有助于人们追求以未来为导向之谋划的条件（2.4.5 节）——这一观念与我们确实负有某些代际正义的义务的观点是一致的，而后代人拥有与之相对应的权利。

第 3 章

基本需求与充足：代际正义的基础

3.1 导 言

当代人的利益与后代人的利益有时会发生冲突。我们可以想象那些必然会产生温室气体这一副产品的活动（例如，开车、供暖，或在工厂制造物品）。这些活动虽然使当代的许多人获益，但它们也会导致气候的变化，这些变化会给生活在遥远未来的人造成巨大的伤害。我们认为，这类代际利益的冲突能够引发分配正义的义务。①

这些义务的具体内容是什么？ 在回答这一问题时，哲学家们提出了各种不同的代际正义理论（Caney，2009a；Rawls，1999b：251 – 267）。本章讨论的是一种我们将称之为"基于需求的充足主义"（needs-based sufficientarianism）的理论。根据基于需求的充足主义，当代人应当首先确保后代人能够满足其基本需求——例如，他们对饮用水、食品与保健的需求。只有当这种在词典顺序意义上的优先义务被履行了，其他的代际正义原则或不以正义为基础的道德原则才能发挥作用。我们在本章的目标是，以一种实用的方式来阐释和捍卫代与代之间基于需求的充足主义。

这一理论包括两个主要的论点：①基本需求（basic needs）是代际正义的恰当的指标（currency of intergenerational justice）；②充足是代际正义的恰当原则。这两个论点都将在代际正义的语境中得到阐释和辩护（这两个论点基本上相互独立；Crisp，2003；Doyal、Gough，1991；Frankfurt，1987；Wiggins，1998）。更为重要的是，人们已经结合不同时代的人们之间的关系，特别是在气候变化的语境中来探讨充足主义（Baatz，2014；Baatz、Voget-Kleschin，2019；Meyer、Roser，

---

① 我们在本章假定，当代人对后代人负有正义的义务，这在原则上是可能的；我们将不考察那些反对这一假定的意见，诸如著名的"非同一性问题"（Parfit，1986：351 – 380）。对这一假定的辩护见 Meyer（2015：section 2 and 3）。

2009；Shue，1993；Wolf，2009）。[1] 不过，从总体上看，就具体的代际背景而言，学者们对基于需求的充足主义的理解仍然是不充分的。本章推进关于代际正义争论的一种方式是，整合、澄清并完善基于需求之充足主义的各种理据。我们还将阐明，作为代际正义指标的基本需求与作为代际正义原则的充足是如何相互支撑的。

本章的安排如下。在接下来的一节，首先将介绍在我们看来是最为可信的基于需求之充足主义的版本。然后，我们将证明这一版本比思考代际正义的其他几种方案优越。具体而言，我们首先将把基本需求视为代际正义的指标来加以辩护（3.3 节），然后将把充足视为代际正义的原则来加以辩护（3.4 节）。我们明白，我们对这些论点提供的理据既不是全面的，也不是结论性的。但是，我们希望，这些理据足以表明，基于需求的充足主义是一个主要的竞争者，它具有其他理论所不具备的许多优点。

3.2 基于需求的充足主义

任何一种代际正义理论（以及一般意义上的分配正义理论）要想成为一种完整的理论，它都必须能够告诉我们，谁应当从谁那得到多少（Page，2006：51）。哪些实体是利益的合法的要求者（即权益申诉人问题）？[2] 这些实体有资格获得多少利益与负担（即正义原则问题）？这些利益与负担的恰当内涵是什么（即正义的指标问题）？哪些实体有义务来实施利益与负担的公平分配（即义务承担者的问题）。

在本章，我们不探讨谁是利益申诉人与谁是义务承担者的问题。当人们是在自由主义政治哲学的框架内来讨论问题时，一个可信的理论出发点或许就是，个

---

① 这些作者还主张，把充足主义与基本需求结合起来，使之作为代际正义的指标。但是，他们通常都没有进一步详细讨论作为代际正义指标的基本需求。两个明显的例外是沃尔夫（Wolf，2009）和亨利·苏（Shue，1980）。苏探讨了基本权利，尤其是其中的生存权，认为基本权利能够提供某种社会机制，确保"人们的某些基本需求不会遭到实际的和谴责的剥夺"（Shue，1980：18、22-29）。苏还主张给贫穷地区的人们提供某种基本的、不可剥夺的排放许可（Shue，1993）。巴兹等人扩展了苏的这一理念，以此证明，降低排放的义务对某些人来说是有限的（Baatz，2014；Baatz、Voget-Kleschin，2019）。

② 或者更准确地说，哪些实体是公平分配的合法要求者？实现某种更为公正的分配通常要求对好处与负担进行再分配。

人（individual persons）是利益与负担的合法申诉人，而国家则是义务的承担者。[①] 我们在本章予以支持的那种基于需求的充足主义理论将要讨论的是另外两个问题，即代际正义的原则问题与代际正义的指标问题。在我们看来，当代的个人与未来的个人有资格获得充足的利益（充足原则），这些利益将被当做基本需求来加以理解（基本需求的指标）。让我们从后一个论点开始依次澄清这两个论点。

3.2.1　一种可信的基本需求观

在把基本需求视为代际正义的指标时，我们所遇到的最为明显的问题就是，如何理解基本需求。人们有时以这样一种方式来回答这一问题，即直接提供一个需要加以保护的基本需求的清单（它可能包括食物、水、健康或住所这样一些项目）（Drewnowski, 1966；Organisation for Economic Co-Operation and Development, 1973）。然而，这类答案并不令人满意。基本需求的清单在某种意义上总是充满争议的，而且，它不能解释为什么满足这些需求是重要的。因而，基于需求的充足主义之支持者还必须对基本需求提供一个实质性的定义：该定义能够说明哪些需求有资格成为基本需求。

根据维金斯的论述（Wiggins, 1998：6-9），基本需求的讨论者通常都区分了工具性需求（instrumental needs）与绝对需求（absolute needs）。[②] 工具性需求是那些为了实现某些特定目的的需求。例如，查理可能宣称，他需要1 000美元来购买一部新的苹果手机。如果支付1 000千美元是获得一部新苹果手机的唯一方式，那么，在工具的意义上，查理就需要1 000千美元。这类需求还会引出这样的问题：那些目的本身是不是必要的。例如，虽然查理需要1 000千美元来购买一部新苹果手机，但是，他真的需要一部新苹果手机吗？相反，绝对需求是那些不会引发这类追问的需求。这是因为，这些需求的目的是预先确定的：避免伤害。一个人在绝对的意义上需要某物，这意味着，如果这个人不能获得、拥有或享有该物，他就会被伤害。如维金斯所说，没有该物，他们就"不能生存下去"；没有该物，他们就将"生活凄惨"（Wiggins, 1998：9）。

基本需求最好被理解为这类绝对需求的子集。根据我们所青睐的定义——它

---

① 然而，人们会对这一假设加以限定。例如，至少在民主国家，国家的义务与个人的义务是紧密相关的（Meyer, 2005：228-49）。而且，国家至今尚未成功地确保，气候变化行为的负担得到更为有效和公平的分配（Walliman-Helmer et al., 2016）。

② 在某种意义上，这一观念可以追溯到更早的时期，例如，可以追溯到伊壁鸠鲁时期。伊氏对必然的自然欲望与非必然的自然欲望的区分，接近于上面对工具性需求与绝对需求之间的区分（Epicurus, 1926：87）。

来源于维金斯的定义①——基本需求在下述意义上不同于其他类型的绝对需求，即这类需求的未满足所导致的伤害既是必然的也是严重的。这类需求得不到满足，必然会带来伤害；这意味着，这种伤害之所以发生，不是因为该需求主体所处的特定环境或他的身体构造，而是因为自然的规律，或与人的处境和身体构造有关的、目前基本上无法改变的各种要素（Wiggins，1998：15）导致的。② 这意味着，该伤害是巨大的（Wiggins，1998：14）。例如，假设一个人缺乏食物，这种缺乏会导致麻木、器官损害，甚至死亡这类严重的伤害。而且，这类伤害的发生是基于生理的必然性，与一个人的民族、社会地位、宗教等无关。根据上述定义，对食物的需求能够成为一种基本需求。③

　　一种需求是不是基本需求，这不仅取决于，未能满足该需求是否会引发必然的和严重的伤害，而且，在更为特定的意义上取决于一个人如何理解这种伤害所威胁到的重要价值。根据克伯的著作（Copp，1998：125 - 126）和对人类福利概念的一种历史悠久的理解（Feinberg，1989：ch. 18；Griffin，1986：ch. 11；Raz，1986：ch. 12、ch. 14，1994：ch. 1），这样说似乎是非常可信的：这种伤害所威胁到的是自主性这一重要价值［即，能够形成自己的良善生活观（one's own conception of the good life）并去追求这种生活观］。根据这一前提，我们可以进而指出，一个人是在基本需求的意义上需要某物，当且仅当，不能获得、拥有或享有该物，他就在下述意义上必然受到严重的伤害：他的自主性（autonomy）将受到损害（另见 3. 3. 4 节）。

　　对食物的需求符合关于基本需求的这一更为细致的定义。如果一个人缺乏食物，他通常都不能形成、并理性地去追求他自己的良善生活观。他的太多的注意力就会集中在缺乏食物这一问题上（Keys et al.，1950）。可以合理地划入我们所界定的基本需求范围的其他益品还包括饮用水、医疗保健、恰当的住所、身体安全、自尊以及教育等。尽管我们不排除增添其他项目或移除某些项目的可能性，

---

　　① 在维金斯看来，最为重要的是，下述特征并不是一项需求成为基本需求的必要条件：不能满足这类需求所带来的伤害是非常严重的。存在着这样一些基本需求，它们的未能满足并不会带来严重的伤害（Wiggins，1998：16）。

　　② 对基本需求的进一步确认取决于，我们如何阐释和理解伤害的这种必然性。例如，根据我们上面的表述，与一个人身处的环境与身体构造有关的事实必须是这样的事实，即，如果缺少这些必要的手段，人们在目前就会不可避免地受到伤害。这当然包括对下面这一点的认可，即，与环境和身体构造有关的事实会发生巨大的改变，从而导致基本需求的改变。在新的环境下，人们可能不再需要他们以前所需要的东西，或者需要某些他们以前不需要的东西。

　　③ 更准确地说，有资格成为基本需求的是人们在一段时期内对一定数量之食物的需求。我们由此来确定基本需求的"最低限度的保障标准"（Braybrooke，1987：38 - 46）。

但是，我们还是倾向于认为上述定义只包含了一个较短的清单。① 在我们看来，基本需求的满足只是界定了最低限度的好生活（而非完全的好生活）的标准。②

3.2.2 一种可信的充足观念

基于需求的充足主义的第二个主要论点涉及代际正义的原则。把基本需求视为代际正义的指标，这与对代际正义原则的多种不同的理解是相容的。我们在此所捍卫且最能满足基本需求的原则是充足原则。也就是说，我们认为，当代人和后代人都应拥有"足够多"的益品（在满足基本需求的意义上）——他们的福利应当高于充足的门槛。

充足主义可以采取许多不同的形式（Benbaji，2005：316 – 321；Benbaji，2006；Casal，2007：312 – 326；Huseby，2010）。本章将要讨论的版本包括两个重要命题，即学者们所谓的"积极命题"（positive thesis）（特别参见 Casal，2007：298 – 299）与"漂移命题"（shift thesis）（Shields，2016：34 – 35）。如上一段所阐述的那样，积极命题把握了充足主义的主要直觉。积极命题指出，我们有非常重要的非工具性理由来确保人们获得足够数量的利益。根据漂移命题，"一旦确保人们获得了足够数量的利益，我们提供的使某些人获得额外利益之理由的分量就会因人而异"（Shields，2017：211）。漂移命题与关于高于充足门槛的正义理由之相关性的三种理解是相容的。第一，一旦一个人的基本需求的满足已经高于充足的门槛，那么，就不再有正义的理由来使这个人获得利益（这意味着，基于需求的充足主义能够证明所有有效的代际正义要求）。③ 第二，更可能

---

① 再强调一遍，这些项目代表的是受过教育的人们的倾向。要确定 X 作为基本需求的地位，就要进一步从经验上研究，剥夺 X 所带来的后果；尤其要进一步研究，对 X 的剥夺是否会必然且严重地损害人们的自主性。

② 我们的定义也可以以另一种方式来表述，如库珀等人所建议的那样（Copp，1998；Doyal、Gough，1991）。人们也许会说，只有自主性和理性能动性（rational agency）是基本需求，而食物、饮用水和健康保健这类物品只是满足这些基本需求的手段。我们在本章将坚持使用上面这种更为传统和直觉性的术语。但是，即使根据我们的术语，基本需求与满足这些需求之手段的区分也是重要的。严格地说，我们所青睐的代际正义的指标不是基本需求本身，而是满足基本需求的手段。基于基本需求的充足主义宣称，当代的与未来世代的人都应当拥有足够的这类手段。例如，每一个人都应获取足够的谷物、维生素、肉类等，以满足其对食物的基本需求。

③ 这一论点通常被称为充足主义的"否定主题"（Casal，2007：299 – 304）并受到许多批评。充足主义的否定主题意味着，把关注的重点从"分配的理由"转向"不分配的理由"（Shields，2017：211）。

的是，能够用来证明这种利益的其他正义理由具有较轻的分量（这意味着，这类额外的正义要求可以是合法的）。第三，一个人用于证明满足其低于充足门槛之需求的那些正义理由的分量，在其需求的满足高于充足门槛后就会发生变化。[1]

假设还存在某些用于证明满足人们的高于充足门槛的需求之合理性的正义理由，那么，我们应当把多大的优先性赋予那些用来满足人们的低于充足门槛之需求？我们在其他地方已经指出，在代际环境中，弱式充足主义比强式充足主义更可取（Meyer、Stelzer，2018；Meyer、Roser，2009）。弱式充足主义只把某些（而非绝对的）优先性赋予那些其基本需求的满足低于充足门槛的人。不管其基本需求的满足是高于还是低于充足的门槛，给这些人获得利益是更为重要的：①处境最差的人；②获得这些利益的人数会更多；③这些人获得的利益的数量更多。不同利益的性质在下述意义上是不同的：就实现某种充足的福利水平而言，这些利益的实现或不实现将会产生不同的后果。那些能够满足基本需求的利益是最为重要的（因为它们对于把人们的福利提高到充足的门槛来说是必需的）。但是，其他利益也是重要的。弱式充足主义允许人们在确保基本需求的满足与增加其他福利之间做出妥协。[2] 而且，它还允许人们在使需求满足高于门槛与低于门槛之间进行权衡。例如，如果我们能够使一个其基本需求的满足低于充足门槛的人获得一点点利益，或者使需求满足刚刚达到门槛的许多人获得相当多的利益，那么，在某些情况下，我们的理论可能会支持后一种选择。

根据目前对弱式充足主义的讨论，我们预设了非稀缺环境的存在。在真实的世界中，这种假设是站不住脚的。假设当代人（他们所拥有的资源多于使他们过上足够好的生活所必需的数量）的资源被如此地加以再分配，以致每一个人所拥有的资源刚好足以使其基本需求的满足达到充足的门槛。这样一来，当代人可能就无法履行其代际义务。但是，当代活着的人似乎没有义务以放弃他们自己的充足福利为代价来确保未来的人能够活得足够好。毋宁说，我们需要权衡所有人的

---

[1]　我们在 3.3.4 节指出，这指的是自主性的情形：一方面，拥有更多的自主性对人们来说是更好的（在其他条件相同的情况下），但是，另一方面，把人们的自主性提升到一定的程度，这是一个涉及我们对人们的正义义务的问题，即这是人们能够拥有最低限度的好生活的必要条件。还要注意的是，对高于充足门槛的正义理由之相关性的第二种与第三种理解，与正义理由的这种转移主题既是相容的，也是一致的。

[2]　可以说，在现实世界中，这类情境是非常罕见的。在大多数情况下，与需求有关的利益比那些与需求无关的利益更为重要。

要求权。在这种情况下，我们应当作何选择？①

充足主义的倡导者提出了各种针对福利低于充足门槛的人群的分配原则。最为引人注目的是，他们主张，我们应当使那些福利低于充足门槛的当代人与后代人的福利最大化（贫困最小化原则；Wolf，2009：356 – 357），或者我们应当使那些福利状态达到充足水平的人们的数量最大化（人口总数最大化原则；Page，2006：85 – 95）。在我们看来，这两条低于门槛的原则都是有温床的。这是因为，它们都会轻易地认可这种方案——我们应当为了那些处境相对较好、但在绝对的意义上仍然糟糕的人的福利而牺牲处境最糟糕的当代人与后代人的福利。例如，如果资源短缺，而减缓一个身患绝症的患者之痛苦将需要使用大量的医疗资源，那么，在大多数情况下，贫困最小化原则和人口总数最大化原则都要求我们不去减缓该患者的痛苦。因为，通过把这些资源用于别处，那些福利状态低于充足门槛的人的福利将能提高到一个更高的水平（如贫困最小化原则所要求的那样），或者能够使更多人的福利达到充足的水平（如人口总数最大化原则所要求的那样）。但是，这种政策意涵似乎是违背人们的直觉的。

由于存在上述问题，我们建议从更为可信的"低于充足门槛者优先论"的角度来理解充足主义。根据这一理解，使那些福利状态低于充足门槛的人获益是更为重要的，因为这将增加获益的总人数并使人们获得的利益更多（Meyer，2009a、2009b、2015；Meyer、Roser，2009）。这意味着，只有在下述情况下，我们才能为了处境相对较好、但在绝对意义上仍然糟糕的人的福利而牺牲处境较差的人（如身患绝症的人）的福利：前者的（分量较重的）权益将被人数较多、处境较好的［人的分量较轻但（权益）总量较多的］权益所压倒；我们相信，在这种情况下，这样做是符合人们的直觉的。

3.3　作为代际指标的基本需求

在澄清了"基于需求的充足主义"这一概念后，我们再来解释为什么基于需求的充足主义是合理的。我们首先将证明，基本需求是代际正义的指标。

在评估代际分配时，利益与负担都很重要；学者们对此提出了各种不同的解释。下面的阐释并不是想证明，基本需求优先于所有的其他需求。相反，我们将

---

① 非稀缺假设是否成立，这是有争议的。基本需求指标的某些研究者近期指出，当前的世代足够富有，以至他们在不危及其满足自己基本需求之能力的前提下也能够确保未来时代满足其基本需求（见 3.4.2 节）。如果这是正确的（即非稀缺假设是成立的），那么，低于充足门槛的充足主义版本就不适用于当前世代的情形。

集中讨论关于代际正义的四种比较有影响、互竞的指标：① ①福利（welfare，即偏好的满足，不管这些偏好是什么）（Arrow，1963；Goodin，1995；Singer，1979）；② ②非私人性的资源［impersonal resources，即用于获得各种利益的益品（goods），如收入和财富］（Barry，1989；Rawls，2001）；③阿玛蒂亚·森所理解的能力（capabilities，即人们做自己看重的事情或选择自己喜欢的目标的自由）（Sen，1992、1999）；③ ④纳斯鲍姆所理解的核心能力（central capabilities，即做自己看重的事情或选择自己喜欢的目标的一组特定自由，这些自由关涉生命、身体健康、感觉、想象与思考、情感、实践理性、亲情、其他物种、游戏以及控制自己的环境）（Nussbaum，2006）。④

3.3.1　普遍性

使得代际正义的某些指标比其他指标优越的一个特征是它们具有时间意义上的普遍性。设想一下，作为未来时代特定指标之典型的某些善物（即能够满足人们偏好的善物，或能够确保人们做某事或追求某些目标的自由）不同于当今作为世代之典型的正义指标的善物。假设指标的这种改变是不能完全预知的，那么我们就不能完全评估当代人的行为对指标之未来分配的影响。对于我们的代际义务，我们就会面临某些不确定性，甚至是不可知的——在其他情况不变的前提下，这是一个不可预知的结果。

---

① 除了基本需求，佩吉还讨论了相同的指标（Page，2007b）。

② 除了把福利界定为偏好的满足，人们还从其他角度来定义福利，例如，把福利理解为福祉（well-being）的"客观清单"（如爱、友谊、知识）上的那些项目的实现。但是，鉴于在讨论这一指标时我们关注的对象是经济学家，而经济学家普遍都把福利等同于偏好的满足，因而，我们将把前者（福利）当做后者（偏好的满足）的缩略语来使用。

③ 在这一问题——即下述两种能力中哪种能力是重要的——上，森是众所周知的模棱两可者：①人们实际所看重的能力；②人们有理由看重的能力（Sen，2002：585）。根据对能力的第二种理解，能力指标将能够避免后面的问题，因而，与我们的观点更为接近。但是，根据我们的理解，对能力的第一种理解更为符合森的理论的其他部分，这种理解在二手文献中也更为（即使只是潜在的）流行。因此，我们所讨论的作为正义指标的能力是人们所实际看重的那些能力。还需注意的是，我们将不讨论森的"基本能力"理念（Sen，1992），因为，它与纳斯鲍姆所说的"核心能力"非常相似。

④ 森和纳斯鲍姆都没有对代际正义背景中的能力或核心能力提供清楚的说明。因此，我们在这里的阐释将仅限于呈现这些正义指标的主要特征，就像这些指标在代内正义的背景中得到的呈现那样（类似于加特瓦尔德等人的阐释）（Gutwald et al.，2014；Watene，2013；Sen，2013）。对森和纳斯鲍姆来说，避免遭受我们的批评的一种方式是主张鉴于代际关系的独特性，他们在代内背景中所提出的许多理论都不适用于代际背景。

基本需求可能不具有非私人性资源那样的时间普遍性。但是，它们比福利、能力、核心能力更具普遍性。我们可以很有把握地认为，与今天活着的人相比，未来后代将会拥有完全不同的偏好，并看重不同的能力。甚至纳斯鲍姆也强调指出，她提出的核心能力清单是可以修改的，需要根据本土的特殊情境加以细化。而且，她承认，我们应当在何种程度上拥有这些能力，还是需要通过政治协商来加以确定（Nussbaum，1990、2006；Petz，2018）。

要预测这些偏好、被青睐的能力以及核心能力在未来改变的准确方向，这是很困难的。这取决于未来时代能够掌握的技术、他们安排其社会生活的方式这类因素。相反，基本需求是很难改变的，即使改变也很容易预测。未来人仍将需要食物、饮用水、医疗保障等（Brock，2005：63；Page，2007a：17）。因此，与把福利、能力或核心能力当作指标的代际正义原则相比，把基本需求当作指标的代际正义原则能够带来更多的确定性，也能提供更多关于我们对未来时代究竟负有何种义务的知识。

上面的理据可能会遭到这样的反驳：基于需求的充足主义实际所关心的不是基本需求的分配，而是满足这些需求之手段的分配。至少，这些满足因子是与时间高度相关的。例如，虽然未来世代拥有对食物的基本需求，但是，他们可能能够发现或制造出满足这些需求的全新方式，诸如食用昆虫或在实验室合成肉类。基本需求满足因子的这类变化似乎很难加以预测。因而，这种反对意见会继续指出，基于我们建议的基本需求这一指标，代际正义原则并不能带来更多的确定性，或提供更多关于我们对未来世代负有何种义务的知识。

总之，我们承认，基本需求满足的标准会随时间（以及文化）的变化而发生巨大的改变。但是，与福利、能力、核心能力相比，基本需求仍然是一种更具普遍性的要求权。首先，就像后代能够以全新的方式满足其基本需求一样，他们也能以全新的方式满足其偏好或实现其能力。基本需求标准所遇到的那些问题，福利、能力与核心能力等标准同样会遇到。其次，相比于偏好的满足和能力的实现，在基本需求之满足方面的变化是更容易加以预测的。根据我们提供的定义，基本需求之满足方面的任何变化都受制于这一事实：人的身体构造与自然环境的某些因素目前都非常难以改变。这些事实只能逐渐地、缓慢地加以改变。例如，习得的厌恶模式与文化传统将使得绝大部分西方人都不会在近期开始食用昆虫；在未来，那些能够满足人们在食物方面的基本需求的东西，仍然是那些对人来说有营养的东西（Doyal、Gough，1991：155－159）。

3.3.2　客观性

决定代际正义之指标是否恰当的第二个特征是这些指标的客观性。这种客观性指的是不依赖于人类心灵的形而上学意义上的客观性（Huemer，2005：2 - 4；Pölzler，2018：1 - 5）。

令人耳目一新而又无可争议的一个事实是，所有的或至少绝大部分基本需求都是非常客观的（Gough，2015：1201；Reader，2007：51 - 52；Wiggins，1998：6）。例如，对这两个问题——人们是否对食物拥有一种基本需求、他们是否能够满足这种基本需求——的判断是不依赖于人们对这两个问题的思考的。即使我们都相信、都希望或都期待人们不要对食物拥有基本需求，但是，人们还是会拥有这种基本需求；即使我们都相信、都希望或都期待人们能够满足其对食物的这种基本需求，但是，他们可能仍然是没有能力去满足这种基本需求的。在客观性方面，基本需求再次与福利、能力、核心能力形成了鲜明对比。一个人偏好什么，他看重哪些能力——这明显依赖于这个人的心灵状态，即这个人的偏好与价值导向。而且，尽管纳斯鲍姆的核心能力概念比福利和能力概念更为客观，但是，她的核心能力清单及其价值阈限在某种程度上仍然要依赖于本地社群的价值导向；这使得核心概念没有基本需求概念那样客观。

一些学者认为，客观性不仅不是正义指标的一个优点，反而是它的一个缺点。尤其是，人们反对说，客观性这一属性妨碍了人们去选择那些对他们自己来说真正重要的东西，因而促进了家长主义，忽视了人们的自主性（Alkire，2002：169；Sen，1984：514）。但是，客观性并不必然导致严重的家长主义。基于需求的充足主义在很多方面都为人们的自主性留下了空间。首先，基于需求的充足主义并不要求，国家必须能够真正满足人们的基本需求，它只要求，国家要提供那些使人们能够满足其基本需求的条件。其次，基于需求的充足主义并不要求，国家直接给人们提供那些能够满足其基本需求的益品。在许多方面，国家都只有义务创造或维持某些基本的制度，这种制度使得人们能够通过自己的工作与努力去满足基本需求（Copp，1998：113 - 114、124）。最后，就我们对基本需求的理解而言，促进人们的自主性甚至是满足其基本需求是最终目标（见 3.2.1 节）。

在我们看来，一般来说，具有客观性是代际正义之指标的优点。有两个重要的理由支持这一看法。第一，与对那些不具有客观性的益品的分配相比，对客观的好处与负担的分配，是更容易加以评估的，这一评估也更为可信（Reader，2007：52）。① 例如，在评估人们在多大程度上能够或将能够满足其基本需求时，国家将能够在很大程度上依靠诸如预期寿命、健康支出或贫困率这类通行的社会

---

① 人们可能会反对说，与其他指标相比，基本需求的满足至少也是难以评估的，即这些需求并不能基于单一的尺度来加以评估（存在着许多不同的基本需求，这些需求的重要性无法加以权衡）。但是，我们对基本需求的上述定义确实提出了这样的尺度。不同的基本需求未能得到满足之所以重要，乃是因为这种不满足将损害一个人的自主能力。

指标。国家无须介入关于个人的偏好或价值取向这类问题的（本质上可靠性不高的）研究或政治争论（Costanza et al., 2007；Hicks、Streeten, 1979）。国家也没有必要如福利指标论者所建议的那样，依据人们的市场行为推导出令人可疑的干预措施［对这类干预措施的批评参见 Sen（1977）］。

第二，更为重要的是，客观的指标还能使代际正义原则避免面临代际版本的所谓适应性偏好的问题。在其偏好很可能得不到满足的情况下，人们通常都会表现出降低这些偏好的内在倾向（Elster, 1983）。因而，在面临剧烈的气候变化这类问题时，未来世代可能不再去关心如何不遭受气候变化（的某些方面）的影响的问题。他们可能甚至不再看重某些相关的能力，或者以一种无所谓的态度来阐释核心能力的内容与门槛。这意味着，根据代际正义指标的福利版本、能力版本（在较弱的意义上）或核心能力版本（在更弱的意义上），当代人制造和恶化了某些问题（如气候变化）这一事实并未对未来世代构成某种不正义。① 在制造和恶化这些问题时，我们可能并没有使后代人的偏好受到挫折，也不会妨碍他们获得他们所看重的（适应性）能力或核心能力。基本需求这类更为客观的代际正义指标能够避免这类尴尬的后果。即使后代人不青睐那些能满足其基本需求的东西，不看重那些与基本需求有关的能力，或完全从不同的角度来理解能力的内涵与能力的价值门槛。但是，只要他们的这些基本需求得不到满足，他们的处境就仍将被视为糟糕的（Gough, 2015：1193；Page, 2007b：455）。

3.3.3　非物质主义

决定一项指标能否成为代际正义之指标的决定性理由是，该指标是不是"非物质主义的"（non-materialistic）。我们可从两个方面来理解代际正义指标的这一特征：①这些指标能够说明物质资源向福祉的不完美转化；②这些指标关注福祉本身，而非实现这些福祉的物质手段。

反对把非个人性的资源视为正义之指标的一个令人信服的理由是，这些资源并不是福祉的可靠指标（Page, 2007b：457 - 458；Sen, 1992：19 - 21, 26 - 30）。例如，两个人拥有相同数量的收入这一事实并不排除这种可能性——他们

---

① 森提出的能力进路的明显目的，就是避免适应性偏好的问题。能力进路确实能够避免这一问题，如果我们把这里的能力理解为人们有理由去看重的能力。在这种情况下，即使未来世代的不利处境使得他们无法看重（在某种程度上）某些能力，他们也仍然有理由看重这些能力，因而，我们仍然负有确保他们拥有这些能力的代际正义义务。当然，正如前面指出的那样，森能够，也确实把能力阐释为人们所实际看重的能力。根据对能力的这种阐释，正义指标的能力理论就像福利理论那样，容易遭受来自基于适应性偏好的观点的反驳。

中一个人的处境可能比另一个人的处境要糟糕得多（尽管他们俩谁都没有过错），甚至连最低限度的好生活都过不上（这似乎是不公平的）。这是因为，人们把物质资源转换为福祉的能力和方式是不同的。他们的健康状况不同，天赋各异，如此等等。因而，相同数量的收入可以使一个人过得非常好，却不足以确保另一个人过上最低限度的好生活。

基本需求这一指标能否对人们把物质资源转换成福祉的这种能力的差异做出解释呢？一些学者认为不能（Sen，2003：47），但是，这种观点难以成立。满足人们的基本需求需要不同种类与不同数量的资源。例如，与哲学家相比，建筑工人需要使用卡路里较高的食物（Braybrooke，1987）。一旦人们的基本需求得到满足（即他们不再需要更多的食物、饮用水等），那么，他们的处境就得到同等程度的改善。因而，把基本需求确立为正义的指标就不会导致这类在直觉上不公平的后果：某些人与其他人相比处于非常糟糕的处境（尽管他们都没什么过错），甚至不能确保最低限度的好生活。

与此相关的是，正义的指标在这种意义上不应当是物质主义的：不能把物质手段与非物质主义的目的混为一谈。阿玛蒂亚·森令人信服地指出，物质资源不是福祉，它只是实现福祉的手段。例如，收入本身不是福祉的构成要素，它只是用来增进人们的福祉的某种手段。因而，森正确地把正义的非个人资源指标指责为"商品拜物教"：该指标未能关注和说明不同种类的资源的重要性。一些学者还批评说，正义指标的基本需求版本过于强调福祉的物质手段了（Sen，1984：513）。但是，根据我们对基本需求的定义，这第二种物质主义的反对意见也是不能成立的。

首先，尽管基本需求的对象大部分都是物质性的益品，但是，人们也能可靠地把某些非物质性的益品视为基本需求的对象。例如，我们可以合理地指出，未能获得足够的自尊与教育必然会使人们受到严重的伤害；这意味着，自尊与教育属于人们的基本需求（关于人们建议的其他非物质性的基本需求，参见 Braybrooke，1987：36；Copp，1998：126；Doyal、Gough，1991：158）。其次，更为重要的是，根据我们对基本需求的定义，满足基本需求的最终目标是使人们的自主性与理性能动性得到实现。关于福祉的这一定义完全是"非物质主义的"。满足基本需求之所以重要，乃是因为这是实现自主性这一非物质性的益品所必需的。

3.3.4　门槛的设定

根据充足主义，人们的福祉标准应当高于充足的某些特定门槛。对充足主义的一个主要的反对意见是，它不能对这一门槛提出一个可信的实质性的界定。尤其是，在这种反对意见看来，对这一门槛的任何界定，要么是武断的，要么不能说明该门槛的道德意义。这一反对意见的力量基本上依赖于充足主义所包含的正义指标。既然充足主义是代际正义的原则，那么，代际正义标准的恰当性就与该标准的内容有关，即该标准要能够对充足的门槛提供一个可靠的实质性的界定。在我们看来，就对门槛的设定而言，基本需求的标准要优于福利标准、能力标准与核心能力标准。

根据关于基本需求门槛设定的武断性这一反对意见，充足主义之所以未能对充足门槛提供一个可靠的实质性界定，乃是源于这一事实：任何这类设定都必然是武断的（Casal，2007：312 - 314；Rawls，1999b：278 - 279）。但是，正义标准的福利版本、能力版本与核心能力版本也同样会面临这样的指责。例如，认为确保一个人30%的偏好得到满足、每天挣2美元、拥有20种他/她所看重的能力就是足够的（从正义的角度看），而确保一个人29%的偏好得到满足、每天挣1.99美元、拥有19种他/她所看重的能力却是不够的——这似乎是武断的。相反，基本需求这一概念实质上包含了数量方面的非武断的差异理念。对基本需求的满足优先于对非基本需求与欲望的满足。而且，基本需求标准把那种得到最低限度满足的生活与那种没有得到最低限度满足的生活区别开了（Benbaji，2005：324 - 326；Copp，1998：122；Miller，2007a：3 - 4、2007b：181）。

根据第二种反对意见，充足主义者未能对充足的门槛提供一个可靠的实质性界定，乃是由于这种界定不能说明它赋予该门槛的道德意义（Arneson，2005：26 - 32）。对正义的某些指标来说，这种批评确实是正确的。例如，为什么该标准认为，确保一个人的30%的偏好得到满足、每天挣的钱高于2美元、拥有20种其所看重的能力是重要的？相反，基本需求完全是道德所要求的。一个人对某物有基本的需求，这本身就意味着，这个人应当能够得到、获得或拥有该物。而且，这还意味着，与这三件事情——确保一个人的偏好得到满足、给他/她提供非个人性的资源、提升他/她的能力——相比，确保一个人能够得到、获得或拥有该物一般来说是更为重要的（Reader and Brock，2004：252 - 253；Thomson，2005：175）。

福利、非个人性资源与能力指标的倡导者可能会反对说，基于更为仔细的考察，这些指标毕竟能够使对充足主义门槛的具体界定成为非武断的和有意义的。确保——人们30%的偏好得到满足、每天挣2美元、拥有20种他/她所看重的能力——这是非常重要的，因为，这使人们能够得到、获得或拥有某些益品。但是，是哪些益品呢？我们相信，对这一问题的最自然的答案——最终促使人们对正义的门槛提出这些不同界定的答案——是基本需求。把满足一个人30%的偏好、每天挣2美元、拥有20种他/她所看重的能力设定为最低限度的好生活之门槛的理由是，这些设定使得人们能够满足自身基本需求。

　　人们或许会以两种主要的方式来挑战我们的这一论点：基本需求为充足主义的门槛提供了恰当的具体标准。首先，批评者可能会反对说，基本需求只是比其他指标提供了更好的概念上的理由。例如，我们为什么不能把基本（或核心）能力界定为充足的门槛呢，如纳斯鲍姆建议的那样？或者，为什么不能把基本偏好的满足界定为充足的门槛（Bykvist，2016）？然而，这一反对意见忽视了这样一个事实：其他这些门槛概念都是理论构造的产物，完全取决于研究者把什么东西理解为基本的或非基本的。相反，基本需求概念却拥有某种"自然的"要素，而且是我们的日常语言（至少是包括英语在内的许多语言）意义上的自然要素。① 因而，在这些语言中，基本需求概念为充足门槛提供了较少武断性的界定，而且，与基本偏好或基本（或核心）能力这类概念相比，它为这一门槛的道德意义提供了更好的解释。②

　　其次，反对把基本需求界定为充足门槛的具体指标的第二种观点，关注的是我们对这些需求之重要性的理解。我们把基本需求理解为这样一些益品，即人们要想避免受到必然的和严重的伤害（在他们的自主性受到损害的意义上），他们就必须拥有这些益品。自主性可以被理解为一个标量概念（scalar concept）。也就是说，人们不仅能够拥有或多或少的自主性，而且，在其他条件相等的情况下，人们拥有的自主性越多，他们生活的质量就越高。但是，如果在不同程度的自主性之间不存在数量上（非标量性）的差异，那么，一种特定水平的自主性——即基本需求的满足所确保的那种自主性——如何能够为正义原则的充足主义理解提供一种非武断的、具有重要解释能力的基础呢？

　　我们对上述挑战的回应基于这一理念：我们至少能够确认一种关于自主性的数量水准，达到该水准具有最重要的道德意义，而且该自主性水准在对分配正义的解释中具有优先性。我们这里诉诸的是这样一种具有自主性的人的概念，即他们能够决定什么是值得他们去追求的，能够决定他们如何去实现这些他们认为重

---

　　① 可能还存在某些语言，其中，基本需求的概念在人们的日常用语中不是很常见。例如，在日语中，这两个短语表达了基本需求的概念："人間 が生活していくのに必要とする基礎"（基本的人类需求是生活的基础）与"衣食住"（衣物，食物，住所）。当然，不清楚的是，日语的日常用语所表达的基本需求概念是否足够接近英语的基本需求概念。因而，日本哲学家有时会用英语词汇来讨论与最低限度的好生活有关的理论问题。

　　② 当然，正如批评者所指出的那样，鉴于本章对基本需求提出的哲学的和表面上准技术的解释，人们可能会怀疑，我们能够证明，本章的解释反映了人们对基本需求这一概念的日常使用。这确实是一个合理担忧，我们将会另文阐述这一问题（关于基本需求概念的大众直觉）。此外，我们想指出，对概念的任何哲学界定都必须超越对这些概念的日常理解，这些概念的内涵可能是更狭小的、在某种意义上修正过的，因为，哲学讨论要求基本概念的界定更为精确，并与其他概念相互融洽。

要的目的。只有当人们拥有了这一最低限度的自主性，他们才能够享有被认为是最低限度的好生活。毫无疑问，实现正义的诸多手段都是毫无意义的，除非这些手段的获得有助于确保人们能够去追求最低限度的好生活。如果是这样，那么，确保所有人都能够享有这种最低限度的自主性就是最为紧迫的。① 实现福祉的这一门槛与确保人们的基本需求得到满足是紧密相关的；正如库珀（David Copp）所指出的那样，"对于实现一个人自己的好生活来说，满足他的基本需求是至关重要的"（Copp，1993：114，123 - 125；1992：254）。如果人们需要持续地关注其基本需求的满足，那么他们就没有充分的自主性。因此，当代人应当关注的主要目标是，确保给后代人提供某些条件，这些条件使得后代人能够满足其基本需求，以致后代人能够在各种有价值的选项之间做出选择，并能够决定如何去实现这些选择。

让我们暂且假定，基本需求的满足所确保的自主性程度，能够为我们理解正义所要求的、非武断的充足主义标准提供某种基础，并且能够说明达到那种程度的自主性的重要意义（在能够确保人们过上一种最低限度的好生活的意义上）。值得注意的是，这与关于自主性的标量概念是一致的。在其余条件相同的情况下，高于门槛的更多的自主性可能也会拥有更多的积极价值。我们拥有不稳定的、但其分量可能逐渐减弱的理由来增进自主性这一益品的数量。"充分的自主性"这一理念依赖于这一事实：我们用来把自主性增进到门槛水准的理由之类型及其分量，与我们用来把自主性提升到门槛水准之上的理由之类型及其分量是不同的（Shields，2016：ch. 3 and ch. 4）。把人们的自主性提升到门槛水准，这是一个确保人们过上最低限度之好生活的问题。而把人们的自主性提升到门槛水准之上，这涉及的则是使人们能够过上某种特定的好生活的问题。②

总之，如果我们考量的是普遍性、客观性、非物质主义，以及门槛设定的标准问题，那么，与其竞争者相比，基本需求就是代际正义的更恰当的指标。作为正义的指标，基本需求与福利的差别是非常突出的；基本需求也明显不同于非个

---

① 尼尔森讨论了"基于自主性的充足主义"的几种不同版本（Nielsen，2016；Axelsen、Nielsen，2015；Huseby，2017；Shields，2017：218 - 220）。

② 这类好生活观致力于实现最大限度的自主性。即使我们认为，提升自主性的这种理由在原则上是完美的，但是，把最大限度的自主性界定为充足的门槛则是不可信的。最大限度的自主性水准反映的是一种完善论的福祉理念。不仅大多数人无法达到自主性的那个水准，下述要求也是可疑的：人们有普遍的道德理由把人们的自主性提升到最大可能的限度，人们相信他们有义务支持他人把自己的自主性提升到那个高度。而且，我们对于未来人的善观念的认识论局限使得我们难以确认，哪些东西是促进他们之福祉（包括他们的自主性）的有效手段。但是，即使我们知道未来世代是由具体的个人构成的，而且我们能够与他们交流，把他们的自主性提升到充足门槛之上也仍然是一个具有挑战性的任务。对此的讨论参见 Raz（1994）。

人性的资源，因为它还包含某些非物质主义的益品。毫无疑问，森所理解的能力概念在普遍性与客观性方面也比不上基本需求；纳斯鲍姆所理解的核心能力概念在普遍性与客观性方面也同样如此。与所有的其他竞争者（包括核心能力）相比，基本需求概念还能够为充足主义的门槛及其意义提供一种非武断的说明（就对这些概念的日常使用而言）（见表 3 - 1）。

表 3 - 1　代际正义主要指标比较

	基本需求	核心能力 （纳斯鲍姆）	非个人性 资源	能力 （森）	福利
普遍性	较为全面 ＋＋＋＋	比较全面 ＋＋＋	非常全面 ＋＋＋＋＋	比较不全面 ＋＋	明显不全面
客观性	比较全面 ＋＋＋＋	比较全面 ＋＋＋	非常全面 ＋＋＋＋＋	不全面	明显不全面
非物质主义	非常全面 ＋＋＋＋＋	全面 ＋＋＋＋＋	不全面	全面 ＋＋＋＋＋	待定
门槛的界定	非常全面 ＋＋＋＋＋	可能	可能，但不取 决于它自己	不全面	可能，但不取 决于它自己

注：指标的这些特征反映的是本章对这些指标的理解；这里不包含对这些指标的相对分量或它们的可比较性的理解；"＋"越多，就越接近相应指标。

3.4　作为代际正义原则的充足指标

我们在上一节阐释了基于基本需求的充足主义的指标。现在，我们将转向代际正义的原则，即充足原则（principle of sufficiency）。

学者们已经对代际正义的原则提出了各种不同的理解。与对基本需求的讨论那样，我们也不试图证明，充足主义优于代际正义的所有其他原则。我们将只关注与充足原则不同的其他三种尤其重要的原则：①平等主义（认为后代人的生活处境应当与当代人同样好）（Barry，1999）；① ②优先主义（使当代人与后代人中

---

① 此外，人们或许主张，后代人与当代人之间的联系是非常重要的（Sher，1979：389）。如果这是我们关注代际正义的主要原因，如果实现现代际平等被认为是具有内在价值的，那么，任何水准的福祉都将被认为是正当的，只要未来的后代人都活得同等糟糕。这是十分令人怀疑的。关于平等的内在价值与外在价值的讨论，参见 Holtug、Lippert-Rasmussen（2007），Meyer、Roser（2009：236 - 243），以及 Scanlon（2018）。

的处境较差者的利益得到保障是更为重要的；他们的处境越得到改善，那么，他们得到的好处就越多）（Attas，2009：207 - 211；Holtug，2006；Parfit，1997：213）；③功利主义（人类的福祉应当在跨代之间得到最大限度的增加）（Mulgan，2006；Roemer、Suzumura，2007）。

3.4.1　向下拉平

平等主义者宣称，当代人与后代人的福祉是同等重要的。对平等主义的这一理解不仅意味着，使后代人的处境变得比当代人更糟，这对后代人来说是糟糕的；这还意味着，从某种角度来说，使后代人的处境变得比当代人的更好，这对后代人来说也是糟糕的。某些哲学家已经指出，在代际背景中，这种意涵（建议向下拉平人们的福祉）是不可信的（Parfit，1997：213 - 221；Raz，1986：230 - 235）。一个类似的反对意见也适用于代际关系。一种更为平等的跨代分配如何能够是更好的呢，如果它最终是以某些世代的处境变得更糟、却没有使一个世代的处境得到改善为代价的？

鉴于存在这一问题，对代际正义原则的任何一种不包含向下拉平意涵的理解都会相对地优于平等主义。充足主义（与优先主义与功利主义一样）就是这类不包含向下拉平含义的代际正义原则。至少根据那种不接受基本需求满足门槛之上的平等主义的代际正义原则，当代人与后代人在福祉方面的潜在差异是代际正义的不相干因素。从充足主义的视角来看，最重要的是，每一个当代人的福祉与每一个后代人的福祉都高于充足的最低门槛（不管其他人的处境是否会更好）。

批评者可能会反对说，充足主义尽管不包含向下拉平的意涵，但是，它可能也不包含向上拉平的意涵。也就是说，它可能不包含这样的意涵：使未来世代人的处境得到改善是更好的。如果当代人的福祉已经达到或高于充足的门槛，那么，充足主义似乎确实如此，因为，如果正义所关心的只是使人们的生活达到基本需求的门槛指标，那么，未来世代的处境是否变得更好就是无关紧要的了。然而，本章所探讨的充足主义实际上并不包含这种意涵。如 3.2.2 节所阐述的那样，充足主义也认可那些使人们获得的好处高于充足门槛的正义理由（根据对漂移命题的阐释）。因此，即使当前世代的处境已经足够好，但是，能够使未来世代的处境得到进一步改善仍然是更好的选择。

3.4.2　要求太高

优先主义，尤其是功利主义无疑包含了太高的代际义务要求。[1] 当前世代的作为或不作为都能改善未来许多世代的福祉（至少在某种程度上）。而且，未来世代的人口数量可能是很庞大的。因而，根据这两种代际正义原则，为了未来世代的福祉，我们似乎应当要求当前世代做出比通常认为的更大的牺牲。而且，这两种代际正义原则可能会要求，当前世代为未来世代的微小好处而承担巨大的代价（因为，以这种方式，我们或许就能使未来世代的利益总和最大化，或使人类的整体福祉最大化）（Rawls，1999b：287；Wolf，2009：373）。

在更为偶然的意义上，平等主义也倾向于提出极高的要求。尽管当代人生活非常糟糕，但是，其中的许多人还是生活得很好，而某些人的生活则极端的糟糕。暂且假定，平等主义的这一要求是正确的，即代际正义要求我们，应当确保未来世代的生活在总体上与当前世代的生活同样好。鉴于当前世代的行为所带来的广泛影响以及未来世代的海量人口，要满足平等主义的上述要求无疑会使当前活着的人承担过于巨大的代价。

那么，充足主义是否会提出过高的要求呢？如果与代际正义的其他指标相结合，充足主义可能也会提出过高的要求。未来世代的人可能会拥有非常昂贵的偏好。他们可能会看重那些需要使用大量资源才能维持的能力。甚至，仅仅确保拥有核心能力（假设这些能力的实现所需要的资源远远多于基本需求的满足）可能也会是代价高昂的，如果非常多的人的福祉处于危险之中的话（Watene，2013）。然而，基于基本需求的充足主义似乎并不包含太高的道德要求。毫无疑问，我们即使要给海量的未来世代提供能满足其对饮用水、食物、住所、衣物和教育之需求的益品，也不需要当今活着的人承担沉重的负担。正如沃尔夫在讨论代际气候正义时所指出的那样，"我们拥有足够多的资源来满足每一个人的基本需求，而满足基本需求的资源出奇的便宜"（Wolf，2009：362）。而且，要求当今活着的人承担这些负担似乎是正当的，因为，满足基本需求是享有最低限度的好生活的前提条件。

充足主义的批评者可能不同意我们的观点，认为基于基本需求的充足主义提

---

[1]　人们围绕要求太高这一反对意见展开了持续争论（Van Ackeren、Derpmann，2019）。在这里，我们主张，被认为是对人们要求太高的行为是人们能够做到的那些行为。人们争辩说，对道德要求是否太高的理解或者依赖于某种特定的规范理论，或者依赖于该理论的某些要素。如果是这样，那么，我们的这种观点——代际充足主义的某些要求并不是太高的道德要求——就得建立在融贯论的基础之上。另见 3.4.3 节。

出的道德要求在下述意义上仍然是过高的：在某些情形下，至少当代活着的某些人（即那些处境较好的人，例如其生活水准高于充足门槛的人）将被要求做出巨大的牺牲。充足主义似乎包含了这样的要求：如果一个国家拥有一定数量的资源，这些资源或者用于极大地增进当代人的福祉，或者用于仅仅把未来世代的一个人的生活水准提升到充足门槛，那么，在这种情况下，这个国家应当选择后一种使用该资源的方式（Casal，2007：298；Widerquist，2010）。

然而，面临这种问题的主要是强式充足主义。只有强式充足主义才要求，生活在充足门槛之下的人的利益总是优先于生活在充足门槛之上的人的利益，不管获得的利益总量有多少，也不管获益的人数有多少。弱式充足主义（本章所捍卫的充足主义版本）允许对门槛之下与门槛之上的人的利益加以权衡（如3.2.2节所阐释的那样）。因此，如果一个国家拥有一定数量的资源，这些资源或者用于极大地增进当代活着的许多人的福祉，或者用于仅仅把未来世代的一个人的生活水准提升到充足门槛，那么，弱式充足主义会倾向于选择前一种使用该资源的方式。

实际上，某些弱式充足主义倾向于把对充足门槛之下与充足门槛之上的人的利益的权衡，当做一种分配正义问题来理解。那种主张把分配正义的要求权赋予充足门槛之上的人的观点，就属于这种版本的弱式充足主义（尽管这些人的要求权要弱于那些处于充足门槛之下的人的要求权）。

3.4.3 人口上限

理解代际正义原则所面临的另一个挑战是如何确定未来人口总数的最佳规模。毫无疑问，充足主义预设了某种可靠的人口上限：未来出生的人口数量应当与能够享有充分的好生活之人口数量保持一致，应当来到世间的人口数量应当以他们的基本需求都能得到满足为限。（Meyer，1997：139 - 140）我们认为，这一人口上限从直觉上看是可信的。

相反，某些版本的平等主义、功利主义与优先主义所要求的人口上限似乎是不可信的。其他的这些代际正义原则允许或要求规模更大的人口出现，这些未来人中的某些、许多或全部在下述意义上都生活得非常糟糕，即他们的福祉低于充足门槛。毕竟，这种情况是可能的：我们可以让一个数量庞大、处境糟糕的未来世代出现，但这些未来人之间的平等程度却会大于当代人之间的平等程度。数量庞大、处境糟糕的未来世代的出现可以使人类的福祉总量最大化（只要未来人的生活至少是值得过的）；数量庞大、处境糟糕的未来世代的出现与下述考量也是相容的：优先考虑受益人的数量、考虑利益的大小、考虑处境糟糕的人。

对上述论点的一个常见的反对意见是，只有从充足主义的角度看，充足主义所理解的人口上限才是合理的。平等主义者、功利主义者与优先主义者将会青睐不同的人口上限——作为不同的代际正义原则的引申意涵。这种指责似乎确有几分道理。但是，在评估正义的原则时，我们似乎不能仅仅关注这些原则的理论意涵；我们还应重视从不同案例中推导出来的慎思判断，并力图使这些原则与这些慎思判断相互融洽，以便达到某种"反思平衡"的状态（Daniels，1979、1980；Rawls，1999b）。如果我们能够表明，不仅本章的作者，甚至那些与具体情境相适应之道德判断的倡导者（Rawls，1951：179 – 181）都青睐于充足主义的人口上限，那么，这一事实就为我们接受充足主义提供了一个（融贯论的）理由。

3.4.4 道德形而上学

元伦理学家区分了两类道德形而上学理论：客观主义与主观主义理论。关于这些理论的恰当性，目前在哲学界仍然争论不休（Brink，1989；Harman，1996；Mackie，1977、2011）。充足主义的一个最重要的优势是，如果它把基本需求确认为代际正义的指标，那么，它就可以完全避开这些争论。这是由于，基于基本需求的充足主义不仅与可信的客观主义理论是相容的（正如其他许多代际正义理论那样），而且与可信的主观主义理论是相容的。

基于基本需求的充足主义与道德客观主义是相容的，这一点不应让我们感到奇怪。我们已经表明，与福利、能力指标相比，基本需求指标是更为客观的。因此，基于基本需求的充足主义可以这样客观地来加以证明，即关于什么是代际正义的（某些）事实，与这一客观事实——即当代人与后代人是否能够满足其基本需求——是完全一致的。这种自然主义的客观主义理论（基于许多理由）是相当有吸引力的（Brink，1989；Railton，1986）。例如，它们不仅与全球的自然主义世界观是相容的，而且与关于道德的那些得到直接证明，且被广泛持有的理念——例如，某些道德问题只存在一种正确的答案，存在着道德进步——也是相容的。

政治哲学中，主观主义理论大都采取契约论的形式，诉诸某种假想的社会契约。这类契约论的当代最重要的形态是由罗尔斯提出来的（Rawls，1999b）。罗尔斯认为，正义原则如果是契约各方站在"无知之幕"的背后选择出来的，那么，它就是得到了证成。[①] 在罗尔斯看来，这种思想实验支持三条正义原则：①最

---

① 罗尔斯称这种假设的选择境遇为"原初状态"。除了"无知之幕"，原初状态得通过一些条件来加以界定。契约各方被设想为是理性的、相互冷淡的，拥有讲理的能力和正义感。如本节后面所讨论的那样，回避风险也被视为契约各方之理性概念的内涵之一（Rawls，1999b：111 – 112，123 – 130，144 – 153）。

大范围的平等自由原则；②差别原则；③机会平等原则。然而，我们事实上有理由相信，在代内与代际背景中，契约各方将会选择，并把词典式优先性赋予基于基本需求的充足主义原则。

根据罗尔斯的界定，他所理解的签订社会契约的各方倾向于回避风险。由于未能满足自己的基本需求是一种最大的可能的伤害，契约各方将相应地选择基于基本需求的充足主义原则，以确保其基本需求的满足。初看上去，罗尔斯的差别原则也能满足这一标准。但是，差别原则把非个人性的资源视为正义的指标；即使一个社会的不平等分配能够确保社会的最不利者获得非个人性的资源，这也并不意味着，差别原则能够确保所有的社会成员都能够满足其基本需求。例如，一个需要支付非常昂贵的癌症治疗费用的人，可能就不能实现其对健康的基本需求，即使就收入与财富而言，他不属于社会的最不利者。因此，为确保代内和代与代之间的人们的基本需求得到满足，我们有理由相信，罗尔斯的契约各方应当把基于基本需求的充足主义作为词典顺序意义上优先的正义原则来选择（Brock 2004：171 - 180、2005：51 - 58；Copp，1998：115 - 116；Wolf，2009：354 - 355）。①

事实上，罗尔斯自己在一个地方也承认，人们应当做出这种选择［（Rawls，1999：7；对此的讨论见 Wolf（2009）］。② 就代内关系而言，存在某些经验性的证据来支持这种选择（Frohlich、Oppenheimer，1992）。

总之，我们认为，就我们所讨论到的理论维度（向下拉平、要求过高、令人反感的人口上限论以及道德形而上学）而言，充足主义的表现都优于它的竞争者。充足主义与平等主义（作为正义原则的指标）的差异是十分明显的，同时，在要求过高与形而上学论证方面，充足主义也不同于优先主义与功利主义（见表 3 - 2）。

---

① 沃尔夫在我们所感兴趣的特定的代际背景中提出了这种观点（Wolf，2009：354 - 355），而库珀关注的是国内正义，布洛克关注的是全球正义。

② 尤其是，罗尔斯承认，他的两个正义原则可能需要词典顺序意义上更为优先的需求原则来加以补充："一种在词典顺序上优先的原则可能要先于涵括平等的基本权利和自由的第一原则，前一原则要求满足公民的基本需求，至少，在公民的基本需求满足对于他们理解并有效实践这些权利和自由必不可少的情况下必须如此。当然，在运用第一原则时，必定假定这类原则。"（Rawls，1993：7）（参见罗尔斯：政治自由主义［M］. 万俊人，译. 南京：译林出版社，2011：7. ）

表 3 - 2　主要代际正义原则的比较

	充足主义	优先论	平等主义	功利主义
向下拉平	弱，且低于门槛 ＋＋＋＋	弱 ＋＋＋	强 ＋＋＋＋＋	无
要求过高	弱 ＋＋＋＋	较强 ＋＋	强（鉴于目前的福祉水准） ＋＋＋	最强 ＋＋＋＋＋
人口上限	符合直觉 ＋＋＋＋＋	较少符合直觉 ＋＋＋＋	较少符合直觉 ＋＋＋＋	较少符合直觉 ＋＋＋＋
道德形而上学	可信的客观主义与可信的主观主义的证成 ＋＋＋＋＋	可信的客观主义证成，较不可信的主观主义证成 ＋＋＋＋	可信的客观主义证成，较不可信的主观主义证成 ＋＋＋＋	可信的客观主义证成，较不可信的主观主义证成 ＋＋＋＋

注：指标的这些特征反映的是本章对这些比较维度的理解；这里不包含对这些维度的相对分量或它们的可比较性的理解；"＋"越多，就越接近相应指标。

结　论

从正义的角度看，我们亏欠后代什么？对此问题的一个迄今尚未得到充分讨论的答案是基于基本需求的充足主义：该理论认为，当前世代应当确保未来世代能够满足其基本需求。在本章，我们以一种实用主义的方式阐释和捍卫了这种代际正义理论。

在介绍了我们认为是最为可信的基于基本需求的充足主义版本后，我们认为，这种版本的充足主义要优于思考代际正义的其他几种理论。为证明这一点，我们考察了那种认为满足基本需求的能力是代际正义之恰当指标的观点和那种认为充足是代际正义的恰当原则的观点。考察表明，这两种观点各自都是可信的。而且，它们以某种方式相互支撑对方的观点，从而构成了一种特别可信和连贯的代际正义理论的基础。

当然，我们也意识到，我们提出的支持基于基本需求之充足主义的理据不是包罗万象的，也不是终极性的。例如，我们并没有比较我们所青睐的正义原则、正义指标与其他所有竞争者之间的优劣，我们也没有对我们的理据的潜在反对意见做出回应。但是，本章的讨论至少有望激起人们进一步更详细地探讨这一理论的欲望。在我们看来，我们有较好的初始理由相信，代际正义最重要与最紧迫的要求是，确保未来世代的人（恰如当代活着的人一样）能够满足其基本需求。

第4章

为什么应当考虑历史排放

4.1 导　论

　　代际正义问题，指当代人对后代人的亏欠问题以及如何规范地阐释过往世代人们的行为意义的问题（参见本书第2章）。这个问题对于理解我们当前应对气候变化所应采取的措施具有核心意义。在确认当代人目前应当承担什么责任时，思考过往世代与未来世代之责任是非常有必要的。在气候正义的争论中，过去、现在和未来这三个时间维度以一些有趣的方式被联系起来。

　　本章讨论两个问题：第一个问题是，我们应当如何在对当代人排放权的最初分配中把历史排放及其有利影响考虑进来？笔者将在4.2节指出，作为一个分配正义的理想议题，如果至今为止的历史排放的影响能够被解释为是对当代人以及后代人有利的，那么历史排放就应当被考虑进来。在《气候变化的正义》一书中，波斯纳和韦斯巴赫没有讨论这个议题（Posner、Weisbach，2010）。

　　笔者所讨论的第二个问题关注的是，谁应当为历史排放带来的伤害买单，尤其是在假定人们（作为个人或者作为集体）的排放尚未达到其公平份额并且未来也仍然不会达到其公平份额的情况下。在4.3节，笔者同意波斯纳和韦斯巴赫的观点，即基于他们在《气候变化的正义》第5章中给出的理由，补偿支付的合理性很难得到证明（Posner、Weisbach，2010：103－108）。① 就这些理由事实上能够成功地证明某些补偿性措施的合理性而言，它们很可能只为造成气候变化或遭受气候变化的部分人证明了补偿性措施的合理性。然而，笔者将补充指出，能够为补偿提供证明的一个重要理由仅适用于代际关系：在某种程度上，后代人的存在的偶然性和个人身份的同一性取决于当代人的决定和行为，伤害和利益的通

---

　　① 正如下文所解释的，这两个理由是：①过往世代的人们对其行为的长期后果（作为其排放行为的副产品）一无所知；②我们不能说，当代人需要对在他们出生之前的其他人的行为负责。

用概念并不适用于解释这些行为的影响。这同时关涉到当代人的行为对后代人的幸福造成的影响以及过往世代人们的行为对于当代人幸福造成的影响。进而，笔者将指出，由于当代人没有履行他们的义务，可以说他们对后代人亏欠了补偿性义务。笔者同样认为，比起将气候伤害理解为对错误行为进行补偿的根本理由，我们更应该将气候伤害看作是一个对不应得的利益和伤害进行再分配所做的辩护。拉平历史排放所带来的非常不平等的影响，这是分配正义的一个合理关切。最后，笔者将指出，在发达国家的人们形成他们对于当前排放的预期时，历史排放有着重要作用。笔者认为，我们没有必要阻碍人们的这样一种期待：达成一种公平、有效且能合理地强制实施的全球气候规制。

4.2　我们应当如何分配排放

关于分配排放的论证包括以下四个基本步骤，笔者将会在 4.2.1 节介绍前三个步骤。然后在随后的两个小节中，笔者将讨论自己的观点对排放分配权的启示。

4.2.1　如何分配排放？三种预设

首先，我们需要讨论一个全球范围内的排放限制以及仍然被允许的最大排放量。笔者曾在其他地方提出，作为一个代际正义的问题，当代人必须尊重后代人的基本权利。与这个背景相适用的正义概念最好被理解为是充足主义的，即把保护所有世代人们的基本权利置于高度优先的地位。[1] 对代际正义要求的这种最低限度的理解，有助于规定一个仍然被允许的最大排放量。

其次，我们需要阐明为什么要关注对剩余可排放量的公平分配。这里所讨论的社会益品是人们在实施这类行为——该类行为不可避免地以排放作为副产品——时所获得的好处。现在几乎我们所有的行为——比如生产工业商品、耕种以及飞行——都不可避免地会伴随着排放这一副产品。造成排放是大多数有利于我们福祉的行为的必然条件。虽然我们没有理由对这类排放本身感兴趣，但我们

---

① 笔者认为，我们拥有许多特殊且重要的理由用充足主义的概念来理解代际正义（Meyer，2003）。笔者预设了一种多元主义的正义概念，该概念反映了人们之间不同类型的关系。支持代际充足主义的那些理由反映了代际关系的非偶然性特点。对于同时代人之间的关系，标准更高的原则可以被证明是合理的；对于国际关系和跨国关系，笔者提出了下文所述的优先论观点（Meyer、Roser，2006：223，233 - 245）。

有充分的理由关心我们的福祉，因此只要排放是我们的行为不可避免的产物，我们就有充分的理由被允许排放。因此，笔者建议将"分配排放"理解为分配那些会产生排放的行为的许可的简称，而这些产生排放的行为通常使从事这些活动的人们受益。这些许可通常被称为"排放权"。因此，分配排放就意味着通过分配排放权来分配从排放行为中所获得的利益。

最后，我们需要明确我们用于评判排放量分配的原则。为此，笔者提出了优先论的观点（Parfit，1997：202，213）。按照优先论的观点，无论其他人拥有多少，使人们受益都是重要的，但我们应该更重视境遇更差的人们的利益，而不是境遇更好的人们的利益。优先论观点的一个合理版本规定了以下优先分配原则：即人们在境遇更糟的时候应该得到更多的好处，我们应该使那些应优先加以考虑的利益总和最大化。

显然，优先论的观点并不会遭受严格的平等主义正义观所遭受的许多批评。根据上述优先原则，平等本身并不重要。因此，优先论观点不会遭受向下拉平主义者的批评。一种严格的平等主义立场认为平等具有内在价值，这意味着我们有理由为了平等而恶化较富裕者的处境，即使这对任何人都没有好处。一些人认为这样的向下拉平是令人反感的（Holtug，1998），即使优先论者认为社会、经济以及其他领域的差异都没有任何内在的坏处，他们的优先论观点也往往具有平等主义的含义。优先论接受这样一种观点，即如果 X 的处境比 Y 更糟，那么我们至少有一个初步理由来促进 X 的福祉而非 Y 的福祉。因此，在许多情况下，优先论原则将要求对相关社会益品进行平等分配，但它也可以基于以下两个理由来证明给予一个人更多的社会益品是合理的：第一，如果这个人处境更糟；第二，鉴于优先论观点是一种集体性观点，如果这个人可以在更好地实现整体收益时也能够更好地利用该社会益品。接下来笔者将讨论，在我们考查优先论观点对排放权分配的意义时，这两个不平等分配的理由是不是相关的以及二者是如何相关的。

4.2.2 如何不考虑历史来分配排放

笔者将证明，如果且只要历史排放的影响被认为是对当代人以及后代人有利的，那么，当把优先论观点应用于排放权分配时，历史排放就应当被考虑进来。笔者的论证分为两个步骤。在这一部分，笔者将表明，当我们忽略当前世代人们的历史排放和过往世代人们的历史排放时，优先论的观点可以被合理地理解为要求对排放权进行人均平等分配。然后，在4.2.3节，笔者将表明，对历史排放的巨大差异的说明如何能够证明排放权的不平等分配是合理的。

如何将优先论原则应用于排放权的分配？笔者将采纳的第一个选择是，在将排放权的分配与其他社会益品的分配完全分离的情况下，来考虑对排放权的公平分配。第二个选择是，将目前对所有社会益品（或至少与分配正义相关的所有社会益品）的高度不平等分配视为既定的，① 然后对排放权进行分配，以平衡所有与正义有关的社会益品的现有不平等分配。第三个选择是，将排放权的分配与全球正义理论所倡导的对所有其他社会益品的公平分配结合起来考虑。

这三个选择都是有问题的。如果我们大体上遵循第一个选择，将每一种社会益品与其他社会益品分离开来进行分配，我们就不一定能够实现优先论原则所要求的那种总体社会益品分配：不同的社会益品（也由于它们的不平等分配）以多种方式相互作用，这些方式会影响到人们从这些社会益品中所获得的利益。如果我们遵循第二个选择，并且将所有其他社会益品的分配都作为既定的分配考虑进来，这可能会要求把所有的排放权都分配给全球的穷人，也就是分配给那些很少拥有其他社会益品的人；只通过公平分配一种社会益品来实现社会益品的整体公平分配，似乎不那么令人信服。第三个选择存在的问题是，当与其他所有社会益品一起考虑时，将优先论原则应用于每一种单一社会益品的分配将会变得尤其复杂，以致我们将无法具体说明这对任何单一社会益品的分配意味着什么，特别是对排放权的分配意味着什么。

基于一种实用主义的理由，笔者建议遵循第一个选择。在我们这个非理想的世界中，如何在全球范围内分配自然资源（或通常意义上的所有社会益品）并不是一个具有很大政治可行性的议题，但如何分配排放权却是我们所面对的议题。考虑到后代人的权利，如果我们有强烈的理由来给全球排放（这种先前可以无限获得的社会益品现在变成了一种稀缺社会益品）设定上限，那么，我们就面临着如何分配这种新的有限社会益品的问题。如果我们决定将这种社会益品的分配与其他所有社会益品的分配分离开来，那么我们以后可能不得不改变规范的要求——根据它这种分配对其他单个社会益品的公平分配或所有其他社会益品的总体公平分配所产生的影响（Rawls，1971）。

在4.2.1节，笔者区分了两个基于优先论立场进行不平等分配的理由。在典型情况下，这两个理由都仅仅要求对这些权利进行平等的人均分配。优先论观点证明，只有在以下两种情况下对于固定数量的社会益品的不平等分配才是合理的：首先，如果一些受助者比其他人的境遇更糟糕；其次，如果这些受助者中的

---

① 对正义理论主题的其他理解可能包括：所有物品，只要它们能够影响人们的福祉或影响分配物品的制度设计，就应该被考虑进来。

一些人可以从这个特定社会益品中获得比其他人更多的利益。① 当我们将优先论原则单独地应用于排放权的分配时（换句话说，从现有背景下所有其他社会益品的分配中抽取出来），这两个不平等分配的理由是否仍然适用？不，它们不适用于此，因为，当我们把排放权的分配与所有其他社会益品的分配分开考虑时，这两个理由都被排除了。首先，如果我们忽略了其他社会益品的分配，那么，我们就不可能分辨出排放权的哪些获得者是境遇更好的或哪些获得者是境遇更差的。其次，个人能从排放权中获得多少好处，取决于他们能否获得其他社会益品，比如财富、自然环境或者他们国家的产业结构。因此，当把其他所有社会益品的分配都视为与排放权的分配无关的要素时，优先论观点将要求在个人之间分配平等的排放权，也就是平等的人均排放权。本章其余部分的讨论所依据的前提是，按照第一个选择并在不考虑历史排放的情况下，优先论原则的运用将青睐人均排放权的平等分配。

4.2.3　在排放权分配中考虑历史排放

历史排放对当代人（和后代人）有着非常不平等的影响。这些影响既是有利的也是有害的。过去和现在的排放水平与财富水平紧密相关。从因果责任的角度看，高度工业化国家在 1850 年至 2002 年的排放量是发展中国家的三倍（Baumert、Herzog、Pershing，2005）。尽管现在高收入国家的工业化造成了温室气体的大部分积累，但发展中国家的人们——特别是后代人——却将不成比例地受到气候变化的影响。而且，受到气候变化影响的人更多的是生活在发展中国家（United Nations Population Fund，2007）。

鉴于历史上的排放既有有利的影响也有有害的影响，区分两种可被视为具有规范意义的历史排放的方式似乎是合理的。首先，它们的有利后果可以被认为与对当代人之间可允许的剩余排放量的公平分配有关。这涉及减排负担应如何在全球范围内分配？谁应该承担那些因将排放量减少到合理配额而需付出的成本？其次，历史排放的有害影响与适应气候变化的成本的公平分配有关，这些成本是无法避免的或必须被认为是不可避免的——特别是考虑到人们的确曾经排放了比他们应得的排放量更多的温室气体，并且他们的排放仍然没有保持在其公平的排放份额之内。这里，我们关注的是适应气候变化的负担应该如何在全球范围内分配。

虽然在政治谈判中，减排和适应的议题经常被联系在一起，但我们可以将它

---

①　一旦考虑到个人的自由选择，不平等分配的第三个合理由就出现了。优先论观点可以通过迎合责任的观点来考虑这些选择，也就是说，尊重自由选择的价值，即使这将改变最佳的优先论分配。

们视为独立的议题。正如 4.2.1 节和 4.2.2 节所述，分配排放权（减排问题）可以被看作分配正义的议题。许多理论家认为，为气候变化所带来的损失买单（适应议题）属于补偿正义的议题（Burkett，2009；Posner、Weisbach，2010：99 - 118）。最后，笔者将论证，它也应该被看作是一个分配正义的议题。

历史排放的有利影响是否应该被认为与当代人之间可允许的剩余排放量的公平分配有关？如果是这样，它们是如何相关的？我们可以区分几种反对抵消历史排放的主要意见[①]：

（1）就美国来说，过去的排放量有一半以上是在 1975 年之前造成的。波斯纳和韦斯巴赫指出美国现有人口中的一半以上都出生在 1975 年以后，并且有超过 27% 的美国人年龄小于 20 岁（Posner、Weisbach，2010：103）。这些年轻的美国人可能会提出异议：“为什么我应该为前代人犯下的过错负责？”这种反对意见表明，当代人不应该为前代人的行为负责，不应该仅仅因为在他们之前居住在其国家的人排放了太多的温室气体而陷入不利地位。

（2）波斯纳和韦斯巴赫建议“我们应当区分两种不同的排放，即在气候变化问题广为人知之前——或者说在理性的人们意识到问题之前——的温室气体排放与其后的排放”（Posner、Weisbach，2010：104）。在这个时间点之前，人们可能会反对说：“我们并不了解温室效应。”这个反对意见表明，只有当一个人知道或应该知道某一行为的有害影响时，他才能因为该行为而受到指责。然而，直到最近，关于人们对排放的有害影响的认识是否足够广泛这个问题仍然存在争论（Posner、Weisbach，2010：104、110）。

（3）波斯纳和韦斯巴赫没有提到第三个一般性的反对意见。它以如下方式解释了过去的行为在影响当代人和后代人的构成方面的非同一性问题：没有人可以声称自己的境遇比在足够遥远的过去实行了另一项气候政策后更差或更好。[②]

这些反对意见在范围上也有所不同。第一种反对意见与现在已经死亡的人的排放有关；第二种反对意见涉及例如在 1990 年联合国政府间气候变化专门委员

---

① 当然，这里也存在实际的困难：一个是估算过去的排放量，另一个是把它带入谈判过程，因为它既不是一个简单的（而是一个复杂的）提议，也不是为那些拥有最多讨价还价能力的人的利益服务。

② 非同一性问题使我们无法说后代人从其前辈的行为中受到伤害（或受益），而这些行为是他们作为个体存在的必要条件（Parfit，1984：351 - 353）。如果我们把伤害理解为因某一行为而使境遇变得比原来更糟，就会面临这样的问题。然而，有另一种伤害的概念成功地回避了非同一性问题：通过声称人们可以被那些使他们低于某个预定临界点的行为所伤害，后代人也可以说是被作为他们存在的必要条件的那些行为伤害了（参见本书第 2 章）。

会（IPCC）的第一份报告之前的排放（Houghton、Jenkins、Ephraums，1990）;①第三种反对意见与早期的排放量（以及影响排放量的政策）有关，这些早期的排放量足够大，是影响当代人的数量和同一性的决定性因素。

这些反对意见并没有成功地表明，历史排放不能被认为与当代人之间可允许的剩余排放量的公平分配有关。相反，我们可以将过去的部分排放考虑在内，而且至少有两种考虑方式不受这三种反对意见的影响。第一种方式依赖于人们对可允许的剩余排放量的公平份额提出的要求。

我们可以要求人均排放权的平等分配（或其他一些公平分配的标准）在某个时间点上实现，例如，在每一天，或在个人的整个生命周期内。在这种情况下，考虑个人的整个生命周期似乎更合理（Holtug、Lippert-Rasmussen，2007；Hurka，1993：9-12）。人们不是时断时续地排放，人们的排放需求也不是偶然出现的。相反，人们无法避免从事产生排放的活动。造成排放是人们在其生命的所有阶段实现其人生计划的前提条件。在可预见的未来，这种情况将继续存在。除非我们有一场技术革命使我们能够以较小的成本来避免、补偿或提取大量的温室气体，否则温室合体的净排放水平仍将与人们实现的福利水平密切相关。

当代人将在他们的一生中都造成排放。如果他们对公平份额的要求是指他们整个生命周期的公平份额，那么就必须把当代人在其整个生命周期内造成的排放都考虑进来。可以肯定的是，这只是其历史排放中的一小部分。正如 2.1 节所解释的，公平的排放份额代表着公平地分享排放行为所带来的那些利益。高度工业化国家的人们在他们的一生中已经从自己的排放行为中享受到了许多利益。如果我们想实现对排放行为所产生的那些利益进行人均分配，那么，更多的排放行为（从事这些行为的人会从这些行为中获益）许可应该由发展中国家的大多数人获得。因此，处理历史排放的第一种合理方法是，在决定对剩余的允许排放量在当代人之间进行公平分配时把过去的排放（的一小部分）考虑进来，同时，基于当代人在其一生中造成的不平等的历史排放，在主张为发展中国家的大多数人提供高于平均水平的人均排放权时把过去的排放考虑进来。

由于这些过去的历史排放是当代人自己造成的排放，因而第一种反对意见和第三种反对意见显然不能反对把这种历史排放考虑进来。然而，人们可能在自己

---

① Axel Gosseries 列出并讨论了一些可以替代 1990 年的显著日期：1840 年（巴西提案提出），1896 年（瑞典科学家 Svante Arrhenius 发表了第一篇有关温室气体的科学论文），1967 年（第一次认真地建模）以及 1995 年（第二篇 IPCC 报告）。我们还可以加上 2001 年和 2007 年的 IPCC 报告，以及 18 世纪工业化的开端。与其试图确定一个时间点使得我们能够合理地将相关的知识条件归于高度工业化国家的许多人或大多数人，不如将这个问题作为一个程度问题来研究，并对个人和行为者进行区分（Gosseries，2004b）。

还不知道应当如何行动以减缓气候变化时就已经造成了历史排放。因此，我们或许想依据第二种反对意见，主张把这类历史排放排除在外。理由是，由于过去那些污染者的无知，我们不能将这些历史排放的责任归咎于他们。这将会是一个错误，因为主张把这些历史排放考虑进来的基本理由并不能证明，发展中国家的人们就应该拥有更多的排放权——以此作为工业化国家的人们对其过去的错误行为的补救。它通过这一理念——平等分配人们在其一生中所获得的排放利益——来证明发展中国家的人们应该获得更多的排放权。因为，这一分配理由——一个人已经用完了（部分或大部分）属于他/她的份额——是重要的，他/她这样做时是否知情并不重要。①

正如前面的论证所表明的那样，我们对排放本身并不感兴趣，而是对人们从产生排放的行为中获得的利益感兴趣。在确定目前的公平份额时，考虑（一部分）历史排放量的第二种合理方法是，把过往世代的人们从其排放行为中获得的利益纳入相关利益的计算中。迄今，我们的先辈所追求的工业化已经产生了许多利益，而且，就我们的讨论来说非常重要的是，对于生活在工业化国家的大多数人来说，这些利益比对发展中国家的大多数人来说要多得多。这些利益包括提供基础设施，例如学校、医院、街道和铁路，这些都是在当代人出生之前建造的。当我们在当代人之间分配排放行为的利益时，这一点——现在已经去世的人们的排放行为的产物正不平等地造福着当代人——已经被考虑进来了。②

从这个角度来看，我们并未要求当代人为过往世代人们的排放行为承担责任，也不会提出当代人是否知道气候变化及其原因的问题。因此，前两种反对意见显然并不反对将过去的历史排放考虑进来的这种方式。但是，我们可能想根据反映了非同一性问题的第三种反对意见，反对将人们以往的排放行为所产生的利益考虑进来。这将会是一个错误，因为考虑人们以往排放行为之利益的观点，并不依赖于这样的说法，即今天生活在发展中国家的那些人比在遥远的过去未出现排放行为的情况下生活得更差。我们也没有在这样的意义上声称，发达国家的人们从遥远的过去的工业化中受益，即他们的境遇比没有工业化时更好。这就是非同一性问题的含义：没有人可以声称自己的境遇比没有工业化时更好，因为如果当时人类社会踏上一条不同的经济发展道路，那么，当代的这些人很可能就不会存在。然而，这一论点与这样的观察并不矛盾——从被孕育时开始，人们所处的环境将会对他们更有利或更不利。由于出生在工业化国家，人们获得了某些利益，然而出生在其他国家的人却没有享受到这种好处。对于每个人来说，他们的

---

①　作为一个过渡性正义的问题，这个近似的结论需要加上某些说明。参见 4.3 节。

②　基于笔者在 4.2.2 节中陈述的理由，笔者假定我们应该把这种社会益品（即把从产生排放的行为中获得的利益）的分配与所有其他社会益品的分配分开来考虑。

命运可能确实会各不相同；如果一个出生在高度工业化国家的人在出生后被带走，被转移到发展中国家的贫民窟，他的境遇会比在发达国家长大的人更糟。把过去的历史排放考虑进来的第二种方法依赖于这样的观点，即就当代人而言，从他们被孕育时开始，排放行为所产生的好处就已经或多或少地被传递给他们了。因此，根据优先论的标准，从历史排放中获利较少的人——通常是发展中国家的人——应该获得不成比例的排放权，因为其他人——通常是高度工业化国家的人——已经从他们的前代人那里继承了很大一部分排放份额。

因此，笔者的结论是，在分配排放权时应考虑历史排放的某些部分，即至少包括那些发生在当代人的生命周期内的历史排放，以及这样一些历史排放——这些排放是作为创造至今仍然存在的利益的副产品而出现的。① 笔者所捍卫的这两种考虑过往历史排放的方法将不允许我们把所有的不平等的历史排放都考虑进来；从这个角度来看，前代人的历史排放和对当代人没有产生任何好处的历史排放都没有规范意义。

有一个一般性的理由能够说明，为什么这三种反对意见都没有对上述两种把历史排放考虑进来的方法构成威胁。这三种反对意见都依赖于这样一种理念：即把低于平均水平的排放份额分配给高度工业化国家之人们的理据在于，行为错误者（或错误行为的受益者）必须给受害人提供一些补偿。对赔偿的这种理解出现在以下三种反对意见中。第三种反对意见（即基于非同一性问题的反对意见）否认过去的排放可以被看作是有害的，因此，如果没有损害，那么就不该有赔偿。它同样否认有些人通过排放而使自己的境遇变得比在其他情况下更好，因而不存在受益者。第二种反对意见（即基于对气候问题无知的反对意见）宣称，即使过去的排放可以被看作是有害的，但仍然不能被看作是错误的；因此，不应该有任何赔偿。第一种反对意见（即一个人应当对自己祖先的行为负责）进一步指出，即使过去的排放既是有害的又是错误的，仍然不应该有任何赔偿，原因在于赔偿是行为错误的人自己必须支付的，而不是他的后代应当支付的。

即使这些反对意见在运用于其他立场时都是基于合理的前提，② 它们也与笔者的论点无关，因为这两种考虑历史排放的方法根本不依赖于要对过去的错误进行补偿这一观念。这两种方法把排放权的分配视为一个分配正义的问题（如第2.2节所述）；如果这样来理解，我们就完全没有必要提到伤害或错误。相反，笔者的想法是，将与排放行为有关的利益在当代人的完整生命周期中平均分配给

① Simon Caney 认为随着时间的推移，消除排放的不平等依赖于一个集体主义的框架（Caney，2006：464，470）。通过关注当代人所享受的历史排放的利益，笔者提供了一个不依赖于集体主义框架的解释。

② 笔者并不认为这些异议全都基于合理的前提。

他们。当然，正如笔者所论证的，由于这种利益的继承是不平等的，并且人们通过自己的行为所实现的利益也是不平等的，因此，除非我们给发展中国家的大多数人以更高的排放权份额，否则我们无法实现这一想法。

4.3 对气候伤害索赔？

当我们试图为一个不同的问题提供答案时，这三种反对意见在规范的意义上就是相关的。这个问题指的不是如何公平地分配排放行为所获得的利益，而是指如何公平地处理排放行为所产生的有害影响。谁应该为历史排放所造成的损害付出代价，尤其是在人们的排放已经超出，而且将来仍会超出他们的公平份额的情况下？这些代价包括两个方面：第一，气候损害本身；第二，最大限度地降低或减少气候损害所必需的适应成本——这是因为排放的影响不仅取决于它们所导致的气候变化的程度，还取决于人类对这种变化所采取的应对措施。

笔者建议，与其把气候损害主要看作是对错误行为进行赔偿的理由，不如把它们主要看作是对不应得的利益和伤害进行再分配的理由。区分再分配和补偿的一种方法是把这视为前提：存在着某种公平地分配社会益品的底线。这种分配底线一方面是由某种标准（如优先论观点、平等主义或充足主义）决定的，另一方面是由某人因为自己承担了负责任的（和非错误的）选择之结果而导致的分配变化（由标准决定的）所决定的。对这一底线的偏离，可以做出两种不同的反应。如果对这种偏离所做出的反应是基于以往行为的错误性，那么我们就是在补偿正义的领域做出回应。如果对这种偏离所做出的反应是平均分配那些不应有的（基于运气的，例如，有害但合理的行为造成的）利益或伤害，那么，我们就是在分配正义的领域做出回应。

因此，基本的问题就变成了：哪些为适应气候变化而进行偿还的义务是基于以往行为的错误性？换句话说，哪些义务可以被确认是基于补偿性理由？那些不能被确认是以补偿为基础的义务都可归结为以再分配为基础的义务，其目标是平衡不应得的利益和伤害。补偿支付的规模取决于对适应成本的支付理由是补偿还是再分配。

对此可以提出两个恰当的评论。首先，并不是每个人都认为，通过再分配来平均不应得的利益和伤害是一种道德上的要求（Cane，1993：355）；有些人（即充足主义者）认为，这种评价只是在每个人都拥有"足够多"的情况下才是必要的。笔者假定，根据优先论的标准，不应得的利益和伤害需要被平均，但是，对于那些不认为不应得的利益和伤害可以为再分配提供重要理由的理论家来说，区分补偿性理由和再分配性理由的基本观点也仍然是有吸引力的。

其次，笔者所使用的是狭义的补偿概念。基于非错误性伤害行为的支付也可以被称为补偿支付（Feinberg, 1978：93，102）。笔者所论证的是，在气候变化的代际背景下，区分基于错误行为的支付与不基于错误行为的支付是一个有趣的问题，而且，后者的关切不同于前者的关切，即后者关切的是再分配而非补偿。

笔者同意波斯纳和韦斯巴赫的观点，即基于许多理由，对气候损害进行补偿支付的合理性很难得到证明（Posner、Weisbach, 2010：99 - 118）。我们可以根据谁有义务来提供补偿支付这一标准来区分几种不同的补偿支付。第一种类型，补偿支付最自然的责任主体是做出了错误排放行为的排放者本人，笔者将此称为排放者支付原则（Emitter Pays Principle, EPP）。① 第二种类型的补偿支付，即受益者支付原则，让错误排放行为的受益者来负责提供补偿。第三种类型的补偿支付即共同体支付原则，将支付补偿的义务归属给实施错误排放行为的共同体。

笔者将简短讨论排放者支付原则。毫无疑问，在一般情况下（也就是说，不考虑它是否可以有效地应用于气候变化的问题），这种补偿的观点能够得到我们的道德直觉的有力支持。该原则与受益者支付原则和共同体支付原则形成了对比，即使不考虑将它们应用于气候变化问题，后两个原则也是明显存在争议的。所以笔者的问题是：在气候损害这一特定情境中，排放者支付原则能否证明补偿支付的合理性？

在气候损害的背景下证明补偿支付的合理性存在着五个基本问题，波斯纳和韦斯巴赫讨论了前三个问题。在分析从历史排放中所获得的利益的规范相关性时，我们已经讨论了不宜谴责的无知问题和非同一性的问题（即下列③、④、⑤）。

①潜在的支付者可能已经死亡（Posner、Weisbach, 2010：102）。

②潜在支付者的排放量可能没有超出其公平份额（Posner、Weisbach, 2010：109 - 115）。

③潜在的支付者的无知可能是不宜谴责的（Posner、Weisbach, 2010：104）。

④由于非同一性问题，潜在的受助者可能只是根据具有临界值的伤害概念而被说成是受到了伤害。

⑤同样由于非同一性问题，潜在的支付者不能说是已经获得了利益。

要想用排放者支付原则来证明补偿支付的合理性，我们就必须辨别出行为错误的排放者和被错误行为伤害的受害者。一个人的排放如果超出了他/她的公平份额，同时，他/她也知道或有可能知道其排放行为的危害性，那么，这个人就

---

① 排放者支付原则仅针对做出错误排放行为的排放者，并且应该与"污染者付费原则"（也被称为"严格责任原则"）或 Moellendorf 的因果原则区分开来。Moellendorf 的因果原则要求任何排放者——无论是否做出了错误行为——都要进行支付（Moellendorf, 2002：98）。

是实施了错误的排放行为。如果由于他人的错误排放行为，另一个人境遇变得比原来更糟，或者他人的错误排放行为使另一个人处于特定的伤害临界点之下（或两者兼具），那么这个人就是错误排放行为的受害者。如果所有的排放者都可以用无知作为借口而被合法地原谅，那么，我们就无法用排放者支付原则来确认谁才是需要支付补偿的有过错的排放者。如果不是这样，我们仍然只能把补偿义务归于无法确认其责任的某些人（尽管还有很多人对现在和将来的气候变化负有因果责任）。排放者支付原则在辨别受害者方面也存在困难；只有当我们能够为非同一性问题的解决方案辩护时，才能说那些处境变糟的人是受害者，继而成为赔偿的合法获得者。笔者在其他地方曾论证说，对于非同一性问题，最合理的回应应当依据某种包含临界点的伤害概念和对这一临界概念的充足主义的理解。因此，如果受害者的处境低于充足主义的伤害临界点，他们就有资格获得补偿（Meyer，2003：143）。

我们可以得出结论，就成功证明某些补偿性措施的合理性而言，这些理据很可能只为造成气候变化或遭受气候变化的部分人证明了补偿性措施的合理性。然而，笔者还想补充三个说明。

首先，在气候正义方面，我们中的许多人似乎并没有履行对后代人的代际正义义务。如果说当代人不仅知道他们的排放行为会给后代人带来严重的有害后果，而且了解保护后代人基本权利的有效措施，并且这些措施并没有对他们提出过多要求，那么他们就负有这种义务。笔者曾在其他地方论证过，当代人并非不了解其行为的后果或需要采取哪些政策，这些政策的要求也不高（Meyer、Sanklecha，2011：449，463－464）。从后果的角度来看，个人不大可能有任何更好的道德理由来继续选择实施远远高于公平的人均份额的排放行为；人们选择的任何一种排放水平在侵犯后代人的权利方面都很可能产生相同或非常相似的影响——换句话说，没有或几乎没有任何更好的道德理由。[①] 如果当代人在气候正义方面对未来的人负有代际正义的义务，那么当代人未履行其对后代人义务的行为就构成了有害的错误行为（Posner、Weisbach，2010：108－109）。如果的确是这样，并且如果当代人没有履行其对后代人的义务，那么他们就应当对后代人采取某些补偿措施，以防止后代人成为当代人错误伤害行为的受害者。

其次，发展中国家不得不承担如此大份额的气候损害，其他国家似乎需要对此做出某些回应。当然，补偿（在狭义上是指过错者为不公正的行为向受害者支付一些费用）并不是唯一可能的回应。相反，鉴于气候变化的许多影响可以被看

---

① 对于像美国这样在全球排放中占据很大份额的集体行为者来说，这甚至可能是真实的，这取决于我们如何解释其排放造成的危害。

作是不应得的伤害，而且是与其他人不应得的利益伴随在一起的伤害，那么在关注分配正义的基础上拉平这些影响似乎也是一种合理的反应。如果分配正义的原则，尤其是优先论的观点的确适用于全球范围，那么在对这一义务（即对遭受气候损害的人们支付适应成本）进行分配时，这些原则也能被应用。在假设优先论观点是分配排放权的正确原则时，笔者预先假定了分配正义原则的确适用于全球范围（Pogge，1989）。

基于上述说明，笔者认为，分配正义原则也能够运用于（至少在某种程度上）对这一义务（即对遭受气候损害的人们支付适应成本）的分配。当然，对于一般的道德直觉来说，补偿正义的要求似乎比仅仅为了拉平不应得的利益或伤害而提出的要求（尤其是在全球层面）更加有力（Miller，2004：240 - 241；Gosseries，2004b：55）。笔者没有必要质疑这种观点：即补偿支付相对于再分配而言具有一定的优先性。然而，就气候损害情形而言，补偿支付只在一小部分情形下才是合理的；对于大部分情形而言，把注意力主要放在再分配的要求上才是合理的。鉴于补偿支付的适用性有限，我们必须将重点转向平等地分享不应得的利益和伤害，而不是专注于对受害者的补偿。

第三个说明反映了关于历史排放的规范相关性的另一种视角，笔者相信，这种视角与笔者在本章中所论证的观点是一致的。生活在高度工业化国家的人们和其他地方的人们已经形成了关于他们可以达到的排放水平的期望，这种期望远远高于依据人均排放权来分配排放额时他们应得的排放量；如果把历史排放考虑进来，他们超过人均排放量的幅度就更大了。这种期望部分地也是必然地基于他们所属的政治社会的集体的历史排放水平。作为高度工业化国家的成员的人们在追求可供他们选择的生活计划和谋划时，作为实施其生活计划之副产品的排放量远远高于公平分配排放权的理想观点所允许的数量。在目前的情况下，如果他们的期望——能够排放远远高于理想的正义所允许的数量——能够被证明是合法和可允许的，那么，在思考人们应该如何去达成某种理想的集体解决方案时，这种期望将成为一个有影响力的因素。在建立权威性的全球气候规制时，必须考虑这种期望，以便使这种规制不被视作破坏性的，同时又能有效且公平地解决气候变化问题（Meyer、Sanklecha，2011：467 - 469）。

这一主张是为了确认某种用于评估向公平的全球气候规制过渡的标准。笔者在这里提到这一点是因为，人们之间存在的一些分歧源自他们前后叙述不一致而引发的误解。特别是，在讨论过渡问题和理想正义问题时，我们可以用一种相反的方式来考虑历史排放的相关性，从而加强某些历史排放受害者的要求、削弱某些历史排放受益者的要求。

结 论

本章的目的是想概述，在确立用来分配与气候变化有关的减排和适应成本的理想分配方案（尤其是依据历史排放所带来的利益与损害来加以分配）时，我们应当考虑哪些相关的因素。笔者预设了一种优先主义的分配正义理论，并且是从现存的不平等的背景出发来展开相关的讨论。笔者先讨论了减排问题，并且得出一个结论，即相比高度工业化国家的人们，发展中国家的大多数人应当获得更高的人均排放权，因为发展中国家的大多数人获得了较少来自历史排放的利益。之后，笔者讨论了谁应当支付适应成本的问题：笔者认为，很难将高度工业化国家的人们对那些非常脆弱的人们①所负有的义务归为补偿义务，相反，我们应当主要把这种义务视为基于分配正义的义务。

---

① "那些非常脆弱的人们"即历史排放的爱害者——译者注。

第 5 章

碳预算跨国分配的公平标准

5.1 引　言

为了达成《巴黎协定》（UNFCCC，2015b）将全球气温升高控制在 1.5℃ ~ 2℃的目标而作出的减缓全球变暖的全球性努力，要求人们严格限制未来的全球温室气体排放（Rockström et al.，2017；Rogelj et al.，2019，2018；Xu、Ramanathan，2017），这导致许多不同领域的研究文献都关注各国应如何定义转型路径，以在 21 世纪中期之前实现低碳目标。随着时间的推移，人们提出了多种分配机制，从延长现状的分配机制，如祖父原则（grandfathering principle，亦译历史基数原则）、恒定的排放比例等，到基于平等、减缓气候变化的能力或过往排放责任的分配机制（Pan et al.，2015）。

随着对剩余碳预算（以实现《巴黎协定》的目标）之分配方法的研究日益发展，这些方法的数量和复杂性也在上升。虽然研究文献中为创建全球碳预算分配方案而发展出的负担分担机制已根据三种公平原则（责任、能力和平等）及其不同的组合进行了分类（Clarke et al. 2014），但每种原则的实施都有许多方法，并且在某些情况下，一些作者似乎对于某些方法的分类有着不同的看法。

以两种一般分配机制为例，即"紧缩与趋同"分配机制（Contraction and Convergence，CAC）（Posner、Weisbach，2010；Schuessler，2017）和"人均平等"分配机制（Equal-Per-Capita，EPC）（Jamieson，2001；Singer，2004）。EPC 最一般的形式是，以当前时间点至未来某个时间点（如 2050 年）为限，将剩余碳预算以相等的排放量分配给所有当代人。与此不同，CAC 从现在不平等的人均排放水平开始，到终点时缓慢趋同至平等的人均分配水平。虽然一些人（如 Pan et al.，2015，2014）将 CAC 定义为以现状为基础，但其他人将这种向 EPC 的趋同当做是对平等公平原则的运用（如 Robiou du Pont et al.，2017；Robiou du Pont、Meinshausen，2018）。

即使在一个特定的分配机制（如 EPC）内，人们通常也使用多种进路。除了上述的简单形式，EPC 还可以在时间终点以及实现最终目标之前的每一年的时段内把未来人口纳入考虑——而非如一些人（如 Pan et al.，2014）所指出的那样把人口"冻结"在当前水平。旨在运用能力或责任原则的其他进路，在此不被称为 EPC 进路；在涉及能力原则时，这些进路并不总是以这种方式来处理公平或平等的问题，而是经常使用得到改善的人均分配进路来分配排放量，这进一步增加了问题的复杂性。因此，虽然人们试图采用这些日益复杂的进路来处理所有的平等原则，但是，这些不同的处理方式却使得这些原则变得不明确，甚至在某些情况下是相互矛盾的。

在本章中，我们试图处理这些进路之间的不平衡问题，并且将分配机制的推导牢牢建立在与碳预算分配的公平性有关的文献之上。我们通过对 2017 年至 2050 年（34 年之间）来自化石燃料和工业的人为二氧化碳（Carbon Dioxide，CO_2）排放预算的累积总数实施一项全球性约束，以此来量化《巴黎协定》所定义的排放极限，以下称为全球碳预算（Global Carbon Budget，GCB）（关于该方法的细节详见 5.3 节）。与近期的研究文献一致，我们采用三种 GCB 方案，它们都以不同的力度来实现 1.5℃ ~ 2℃ 的目标（Rockström et al.，2017；Rogelj et al.，2019、2018；Xu、Ramanathan，2017）：①以全球气温升高低于 2℃ 为目标的基线方案（Well below 2 degrees，WB2C），并且以 700 Gt CO_2 的 GCB 分配作为主要方案；②一种激进方案，以气温升高低于 1.5℃（Targeting 1.5℃，T1.5℃）为目标，并且将 GCB 限制在 500 Gt CO_2 以内；③一种边缘性的有风险的方案，气温升高维持在 2℃ 以下（Risky below 2 degrees，RB2C），并且可分配的 GCB 为 1100 Gt CO_2。这些方案与包含非 CO_2 温室气体的综合排放方案相符。所有的方案都假设 2050 年以后只剩下约 100 Gt CO_2 的有限预算，即人类在 21 世纪中叶将达到净零排放，以便此后清除大气中 CO_2 的可持续的人为解决方案不会面临过度的压力（Griscom et al.，2017；Rogelj et al.，2019；Xu、Ramanathan，2017）。

我们以剩余 GCB 的估算值作为出发点，来说明两种一般的分配机制——即上文所讨论的 CAC 和 EPC——的结果。我们从讨论这两种一般机制在运用公平原题时存在的缺陷开始。基于有关公平性的文献，我们确定了这两种一般机制所欠缺的三个关键因素，并提出了解决这些问题的限定条件。然后，我们转而讨论一种证明有限形式的祖父原则具有合理性的可能理由，并提出一种限定条件，试图将这种进路的积极方面整合进来。最后，我们会对简单的 CAC 和简单的 EPC 之理论与实践进行探讨，以确定用来解决公平关切所需的限定条件。

我们所研究的是，如果所有国家都将预算限制在其公平份额之内——换句话说，在严格（或完全）遵守的情况下——的分配情况。我们试图表明，有可能从数量上确定各个国家的公平的预算份额。[1] 在部分遵守的情况下——当一些或许多国家（继续）超出其公平份额时——那些承诺限制排放的国家的预算应该保持不变（Miller，2016，2011；Murphy，2000）或减少，或者，如果遵守（CAC 和 EPC）者能够这样做的话，应该增加其预算（Singer，2002；Stemplowska，2019，2016）。然而，本章不讨论部分遵守的议题。

本章的其余部分结构如下：5.2 节将从公平性角度出发来讨论预算分配机制，首先将讨论 CAC 和 EPC 这两种分配机制的简单形态，确定对这两种分配机制提出的反对意见，并提出限定条件作为可能的补救措施。5.3 节将概述我们计算 GCB 的方法，并运用 5.2 节中所讨论的机制和限定条件。5.4 节将介绍计算的结果，并分析这种计算结果对不同参数结果的敏感性，说明这种计算结果对不同发展水平国家的影响程度。5.5 节将提供讨论和结论。

5.2　基于公平的国家预算分配

如上所述，简单的 CAC 意味着我们接受各国目前的排放水平作为紧缩的起点，并在 2050 年达到一个非常低的适用于全球的人均排放水平。简单的 EPC 意味着我们接受各国目前的排放水平，并根据 EPC 原则分配 2017—2050 年间剩余的可允许排放预算。

我们将遵循对全球碳预算分配机制的这种简单分类（Meinshausen et al.，2015），并在简单的 CAC 和简单的 EPC 之间做出选择。鉴于这种二元的出发点，我们将讨论每一种分配方法所引起的公平性问题，并引入与所述公平原则和类别相对应的限定条件，如表 5-1 所示。该表还表明了我们如何将文献中现有的原则整合到我们的方法中，从而能够对其各自的影响进行一致的量化。在这两种方法的限定版本中，我们都考虑到了主要的公平性问题[2]，即确保所有人的基本需求，以及对过去的排放所产生的历史责任进行归责，对过去排放产生的利益进行计算。根据对 IPCC 碳预算剩余估值的一些解释，能力范畴与对公平的关切不存在直接的联系。但是，我们提出了对能力概念的一种理解，该理解确定了与 CAC

---

① 该方法还包括确定其他行为主体和较小单位预算份额的方法（Steininger et al.，2020）。

② 请注意，我们依据的是对公平性的人类中心主义的理解。我们没有明确处理其他一些问题，例如，保护自然是为了自然本身，还是为了其他陆生或水生生物的道德权益。显然，这是我们的方法的一个局限。然而，由于减排的目标是减少对气候变化的整体影响，而这些影响也有可能对非人类生命造成损害，因而，我们实际上间接地处理了非人类生命体的权益问题。

和 EPC 相关的预算分配的最小公平性约束。我们最后将提出一种反映可行性约束的限定版本的 EPC 机制，这种限定版本的 EPC 机制还将额外考虑各国每年减排率的负担极限。在形成这种认识的过程中，我们假定，在其他所有因素相同的情况下，剩余 GCB 的公平分配要比那些容易遭受基本规范性批评的分配更受欢迎。

表 5-1　本研究所使用的减排分担方法的分类和分配方法的描述（基于 Höhne et al.，2014）

IPCC 的分类	IPCC 的描述	本章的类似表述
责任	通过历史排放来推导出未来的减排目标	历史排放限定（历史的）
能力	不考虑因果关系和道德责任，将减缓目标与支付减排（或最有效地促进减排）能力联系起来的进路，以及旨在确保人们有能力过上足够好的（体面）生活的进路	基本需求限定（限定条件 N）（N-qualified）
平等	基于每人当前的或趋同的排放量进行分配	人均平等的方法（简单的 EPC）
责任、能力和需求	包括强调历史责任的进路，与可持续发展的能力和需求相平衡	基本需求、历史排放和利益限定（NHB-qualified）。对于 EPC 机制也有合理的负担极限的限定（NHBC-qualified）
等额人均累积	将平等与责任相结合（对历史排放的累积计算）	历史排放和利益限定（HB-qualified）
阶段性方法	有区别的承诺、不同的阶段、行业减排方法或祖父原则	紧缩与趋同方法（简单的 CAC）

5.2.1　简单分配机制的缺陷

采用简单的 CAC 进路来确定国家排放预算是有问题的，理由如下：

我们可以把简单的 CAC 描述为具有很强的祖父原则的特性。首先，它将合法性赋予排放水平高度不平等的现状。其次，它认为公平的分配份额的合理性要参照今天高度不平等的排放来确定（Caney，2009b：127；Jamieson，2005：

230）。在向低碳社会转型的过程中，简单的 CAC 将意味着每个人和每个国家的排放数量高度不平等。高度工业化国家在转型期将拥有更多的排放权，因而它们肯定会从排放活动中获得更多的利益。各国目前的高度不平等的排放是偶然形成的，没有任何理由可以证明延长这种不平等排放的合理性。

虽然各国没有明确支持祖父原则（即以接受各国目前的排放作为起点），但我们观察到，与他们遵循 EPC 进路时的预期贡献相比，各国所声明的（反映其隐含预算要求的）未来排放水平［通过国家自主贡献（Nationally Determined Contributions，NDCs）来实现］，与目前的排放密切相关。因此，高排放国家的隐含预算更接近于祖父原则，而非更接近于当各国都采取基于 EPC 的进路时所确定的分配预算。

在如何分配向低碳社会转型过程中产生的利益和成本方面，简单的 EPC 并不认为当前的排放水平包含任何规范要求。基于此，简单的 EPC 并没有像 CAC 那样容易遭受针对祖父原则的那类批评。然而，对于被限定的 EPC，有一个不同的理由来接受祖父原则，这将在 5.2.3 节展开进一步讨论。请注意，简单的 CAC 和简单的 EPC 都认为，过去排放水平高度不平等的状况是理所应当的。

在分配向低碳社会转型过程中产生的利益和成本时，这两种进路都容易遭受两个来自核心规范的批评。我们认为，首先，如果向低碳社会转型的这个过程不利于确保所有人的基本福祉，那么它就是不公平的（Barry，1995：61 - 67；Pogge，2002：196 - 204）。其次，对转型过程中的利益与负担的分配应该反映出对行为主体——我们认为是国家或地区——不同历史责任的最低限度的理解，而且至少从两个方面来理解（Friman、Strandberg，2014；Meyer，2013；Meyer、Sanklecha，2017b；Rajamani，2000；Shue，2015）。这两个维度的规范批评引发了以下三种对两种负担分配进路的具体反对意见：

a. 因为简单的 CAC 意味着转型期人均排放份额的高度不平等，它很有可能造成发展中国家和新兴工业化国家中许多人的基本需求受挫的高风险。这也是简单的 EPC 可能带来的影响。对于历史排放很低的国家来说，全球剩余排放量的人均份额可能不足以创造有利于保障公民基本需求的条件。我们假定，至少在过去，满足基本需求能力的提高［用人类发展指数（Human Development Index，HDI）作为替代参数］与排放之间存在着联系。为使向低碳社会的转型取得成功，世界将需要断开增长或满足基本需求与碳排放之间的联系。

b. 我们有充分的理由认为，自（至少）1995 年 IPCC 确认人为排放影响气候以来，行为者有责任知道人为导致的气候变化的有害后果（Gardiner，2011；

Kenehan，2017)①。无论是简单的 CAC 还是简单的 EPC 都不涉及自 1995 年以来的排放责任，而是将目前为止所有的排放活动视为无异议的；简单的 CAC 则将剩余可允许排放权的较高份额授予那些今天排放最多的国家。可以说，这是非常令人反感的，特别是针对那些在 1995 年就已经具有非常高的排放水平，并且没有实质性地减少——甚至增加——其人均排放在全球排放中所占份额的国家。②根据简单的 CAC 机制，那些明知故犯且排放了超过其公平份额的国家（Butt，2017；Heyd，2017)，将会获得更大的预算份额。

c. 从确保或最大限度地提高人类福祉的角度来看，重要的不是排放本身，而是人们在实施那些将会带来温室气体排放这一意外的副产品的活动时所获得的那些利益（讨论参见 Meyer、Roser，2010：232 - 233；Heyd，2017：34 - 40)。重要的是，许多排放活动具有长期的有益影响：它们不仅使实施这些活动的人受益，也使未来的人受益。因此，我们认为，在分配 GCB 时，我们的目标应该是在当代人和未来人之间公平地分配机会——从排放活动中获得利益的机会（Meyer，2013)。依据当今的排放水平来分配 GCB 的份额，简单的 CAC 机制和简单的 EPC 机制都没有反映我们关心排放的理由，也没有考虑从过去排放中获得的利益。由于这些利益差别很大，人们可以批评这两种机制是不公平的，因为它们没有考虑到过去排放活动的规范意义。

接下来，我们将展示如何通过引入三个限定条件来回应对简单的 CAC 和简单的 EPC 的共同反对意见。

5.2.2　通过限定简单的分配方法来解决公平性问题

1. 在 HDI 的基础上引入充足门槛理念

这是对反对意见 a 的回应，其方法是引入并落实这一理念：所有人都对达到福祉的充足门槛拥有有限权（Frankfurt，1997；Meyer、Roser，2009；Shields，2016)。在设定充足门槛时，我们的目标是近似于满足基本需求的要求（Copp，1998；Gough，2015)。某种东西本身就是一种基本需求，这就意味着它应该被满足，而且这样做比满足非基本需求或单纯的偏好更重要（Braybrooke，1987；

---

① 《联合国气候变化框架公约》（UNFCCC）于 1994 年生效，IPCC 第二次评估报告于 1995 年发表，《京都议定书》于 1997 年通过。

② 在 36 个经合组织（OECD）国家中采用基于生产的计算方法，有 10 个国家的排放量从 1995 年到 2015 年不断增加；如果采用基于消费的计算方法，有 14 个国家的排放量从 1995 年到 2015 年不断增加（基于 Eora，worldmrio.com）。关于基于生产的排放计算与基于消费的排放计算之相对优点的讨论，参见 Steininger 等人的著作（Steininger et al.，2016)。

Gough，2015；Thomson，2005）。根据库珀的观点，"基本需求是任何人都会以某种数量和形式要求的东西，以此避免生活受到破坏或伤害"（Copp，1998：124）（另见 Doyal、Gough，1991；Thomson，2005；Wiggins、Dermen，1987）。这样的理解意味着，基本需求包含了、但不一定仅限于物质需求（Anscombe，1958；Kowarsch、Gösele，2012）。

上文提出的优先性要求可以理解为对相关能力的解释。它关注的是人们过上足够好的或体面的生活的能力。其最低限度的要求是确保人们能够满足其基本需求。当一个人的基本需求没有得到满足或没有确保能得到满足时，这个人必然会受到严重的伤害：他/她不能自主地对那些向其开放的有价值的选项进行选择，并有机会在这些选择中获得成功。如此看来，使人们有能力过上一种足够好的生活，这是公平地分配剩余的全球碳预算的最低要求。只有当所有的人都有机会过上最低限度的美好生活时，这种分配才算得上是公平的。

因此，剩余可允许排放量应在各国之间进行这样一种优先性分配，以便使所有人都有可能达到基于基本需求的充足门槛。只有这样，我们才可以对仍然剩余的可允许的排放量加以分配。预算水平将以两种方式调整：第一，我们为所有目前低于门槛水平的国家确保其所需预算，该预算将使其所有居民都有机会达到福祉的最低门槛。第二，一些国家的排放水平高于达到门槛水平所需求的排放，我们就要相应地减少这些国家未经调整的预算（详见 5.3 节）。低于门槛的国家实际上可能会发现，它们最好立刻建立低碳的基础设施，从而可以不使用分配到的全部的排放预算，而是通过出售它们的排放预算来获取向低碳社会转型所需的资金。

请注意，也可以从其他角度来理解对某些相关能力的拥有（或拥有更多或更少的能力）。根据最普遍的理解［通常被称为"支付能力原则"（ability-to-pay principle）］，行为主体的支付能力越强，他们应承担的成本比例就越大（Moel-lendorf，2014：173－180）。通常情况下，国内生产总值（GDP）可以作为衡量各国解决相关问题的能力的替代参数。GDP 较高的国家被要求支付更多。

我们也可以从能够最有效地利用剩余 GCB 来实现减排目标或净零排放目标的角度来理解相关能力。这可以被称为"贡献能力原则"（ability-to-contribute principle）。行为主体有效实施相关措施的能力越强，该主体应承担的努力比例就越大。在生产能源或商品，以及提供服务方面减少排放强度的成功（自那时起，国家可以被理解为有责任向低碳社会转型，例如自 1995 年以来）可以作为相关能力的替代参数。剩余 GCB 应尽可能得到有效利用，因此，应根据各国利用 GCB 的最有效率的能力在各国之间分配 GCB。人们对支付能力原则和贡献能力原则的理解忽略了行为主体对气候变化的因果贡献和道德责任。基于这些理由，对能力原则的这些理解都会遭到人们的反对。就其本身而言，这两种理解都没有对一种最低限度的公平问题进行解释，这种最低限度的公平问题涉及人们基本需求的保障和行为主体的历史责任。[①]

2. 将计算的时间点后移

针对反对意见 b，我们可以将紧缩的时间点后移至 1995 年（Friman、Strandberg，2014；Gardiner，2011；Gosseries，2004b），使各国对其自 1995 年以来产生的排放负责。这样，各国就能够有效地使用他们自 1995 年以来在全球剩余可允许排放量中所获得的份额。[②]

3. 考虑从过去排放中获得的利益

由于以排放为副产品的活动所造成的长期影响，基于当代人所拥有的和未来人将会拥有的权利，我们甚至可以将 1995 年之前产生的排放也纳入考虑。我们可以考虑 1995 年可用的基础设施所产生的排放量。这是对反对意见 c 的回应，即从受益人在剩余可允许排放份额中扣除其在过去获取利益时所产生的排放量（Meyer、Roser，2010：233－240；Page，2012；Heyd，2017：34－43）。这样一来，我们就可以根据当代人和未来人应从排放活动中获得平等利益的原则，对过去的无过错排放（行为主体在对其不利后果具有无可指责的无知的情况下所造成的）的不平等后果作出解释。

5.2.3　对于合理负担极限的解释

相对于今天高度不平等的排放水平，在证明不平等的 GCB 份额具有合理性时，简单的 EPC 并不主张祖父原则，但它忽略了两个论点，这两个论点倾向于某种有限的祖父原则。第一个论点是，由于高排放者的"合法期望"受挫，在短时间内从高排放水平减排至极低的排放水平成本较高，这种大幅度减排可能伴

[①]　支付能力原则和贡献能力原则的分配蕴含是不同的。支付能力原则的（重复）应用有可能导致减少（并在长期内消除）国家之间在解决该问题的支付能力方面的不平等。而贡献能力原则与此不同，它对分配的影响是开放的，其影响取决于所有国家之间如何分享效率收益。然而，对贡献能力原则的这一理解并没有包含应该如何分享收益的内容。它的目的是在向净零排放转型的过程中，从剩余的全球碳预算中获得最大的综合利益。

[②]　这是一个简单的假设，可以用其他年份来论证；更深入的讨论见 Gosseries（2004b）。如 Gardiner（2016）所述，指定一个所有国家都对排放有类似认识或负有责任的单一时间点依赖于进一步的假设，因为随着时间的推移，人们的认识在不断提高（如在随后的 IPCC 评估报告中所记录的那样），获得信息的机会也不尽相同。鉴于这种复杂性，我们采用简单的假设，即在 1995 年，所有国家都了解排放的影响，并对由此产生的未来影响负责。此外，改变历史排放的参考年份对分配结果影响不大。

随着适应和替代或者放弃某些目标而产生的高成本；公平性需要考虑到这些特殊成本（Meyer、Sanklecha，2014）。此外，期望的受挫可能会延续至一些国家，这些国家到目前为止还不是高排放国家，但由于大幅削减排放和相应的化石燃料投入等需求上的减少，这些国家可能无法实现未来的增长。第二个论点是，如果减排要求的减排率过高，这可能是行不通的，因其可行性涉及经济、技术、制度、社会文化、生态和地球物理等多个层面（De Coninck et al.，2018）。

然而，第一个论点至少是值得怀疑的。在短时间内减排到相同的极低的水平，对于高排放国家来说，可能其成本比低排放国家的成本要低［例如，由于高排放国家的损失和损害往往较小，并且由于像农业这样的高强度行业（high-impact sectors）所实现的福利所占比例较小，其适应成本也较低］。此外，即使可以证实高排放国家因其"合法期望"受挫而要付出更高的成本，这也不该影响全球碳预算的全球分配。相反，应该由这些在形塑人们的期望方面发挥建构作用的国家来提供补偿。至少从 1995 年开始，各国就有责任推行向低碳社会转型的战略，这就需要改变居民对可允许排放水平的期望。

针对第二个论点，人们可以主张限制个别国家在减排率方面所面临的负担，以维持在可行的范围内。虽然没有限制减排率的最低门槛，但一些文献假定了某些合理的范围。例如，Stocker（2013）基于 Den Elzen 等人的研究（Den Elzen et al.，2007），讨论了稳定温室气体（GHG）浓度以实现气温升高不超过 1.5℃ ~ 2℃目标的可行性问题。Stocker 的结论是："经济模型所预计的可行的最大减排率可能不超过每年 5% 左右。"

Rockström 等人（Rockström et al.，2017）在定义"碳汇法"时，得出有关全球减排率的结论，即至 2050 年，每十年减排一半；他们认为这是可行的——折算成每年减排 6.7%。我们用后一个减排率（四舍五入为 7%）作为这种限制的一个例子，并从 2016 年开始将其应用于国家层面。[1] 图 5 - 3 展示了一项敏感性分析。该图表明虽然施加负担约束对较高 HDI（人类发展指数）国家的碳预算有重大影响，但对于 5% 和 7% 之间的减排率来说，其选择对人均排放预算没有什么影响。

---

[1] 对于 7% 的减排率约束，我们发现低于负担门槛的国家之预算减排少于每人 20t CO_2，而超过该门槛的国家之预算则从人均 - 300t CO_2 到人均 25t CO_2 不等。请注意，利益限定条件（见后文 5.3.2 节之 3）包含一个简化的假设，即平均来说，就机会成本而言，各国在转型过程中的成本是相似的。

5.3　方　法

5.3.1　确定全球剩余碳预算

根据近期的相关估计，图 5 - 1 所展示的三种全球碳预算方案对本研究来说是最可靠的选择，它们合理地反映了全球碳预算的范围。这三种分配方案基于相关学者的相关研究（Friedlingstein et al.，2014；Millar et al.，2017；Rockström et al.，2017；Rogelj et al.，2018，2016；Xu、Ramanathan，2017），是从近期关于碳预算之文献的梳理和分析中总结出来的最合理的预算，可称之为门槛规避预算（threshold avoidance budgets）（Rogelj et al.，2016），我们的方案考虑了 CO_2 之外的温室气体及其预估方法的多样性。我们的方案把 2017 年作为 GCB 的起始年，GCB 的时间范围是 2017—2050 年。图 5 - 1 显示的基于文献的 GCB 范围，为我们的三种 GCB 方案所采用的 GCB 数值提供了可靠的依据，这也与 Rogelj 等人（Rogelj et al.，2019）对估算值所作的近期梳理一致。

作为主要选择的 WB2C 方案要求有力度的人为 CO_2 减排（与大量的人为 CO_2 清除相结合）（Rockström et al.，2017；Xu、Ramanathan，2017）；我们认为该方案在 2100 年实现气温升高低于 1.5℃之目标的概率为中位数（50%），低于 2℃的概率为 75%（Rockström et al.，2017）。T1.5C 方案包含的是最小的预算，它代表的是达到 1.5℃时更安全的估算值（Rogelj et al.，2018，2016；Xu、Ramanathan，2017），因为据估计，到 2016 年，全球气温已经升高大约 1.2℃ ~ 1.3℃（Mauritsen、Pincus，2017）；因此，T1.5C 方案反映的是高要求的 CO_2 减排和非常有挑战性的 CO_2 清除要求（Friedlingstein et al.，2014；Rogelj et al.，2018；Xu、Ramanathan，2017）。RB2C 方案与关于气温可能达到 2℃极限、因而具有较大风险的大部分估计只有一小部分兼容；该方案意味着，无论是否含包有限的 CO_2 清除，CO_2 的实质性减排可能都是可行的。

根据近期公布的各种估算值（图 5 - 1 中左侧为参考文献），我们归纳了以气温升高 2℃以下为目标（伴随不同的风险水平）的五个碳预算估算值范围（阴影部分）：

（1）LB2C：基于 IPCC 第五次评估报告的综合报告，这是"可能低于 2℃控制目标的碳预算估值"（Ref 48）；

（2）T1.5C：1.5℃控制目标的预算估值（Ref 4），与 IPCC 关于全球升温 1.5℃特别报告中的控制目标一致；

（3）WB2C：表示一个"远低于 2℃的控制目标的预算估值"；

（4）T1.5Cext：表示一个"1.5℃控制目标的扩展估值"（Ref 48）；

（5）1.5~2C：表示一个"1.5℃~2℃控制目标的碳预算估值"（Ref 5）。

这些估值为我们选择本研究中所使用的三种 GCB 方案（底部）提供了依据，三种方案中，我们选择 GCB 为 700 Gt CO_2 的 WB2C 方案作为主要方案（圆圈），因为它被认为是所有估算值中最合理的方案（参见相关文本的解释）。

图 5-1 所示的五个供参考的 2017—2050 年 GCB 估值的具体推导过程如下：

"可能低于 2℃控制目标的碳预算估值"（LB2C）为 420~1070 Gt CO_2，我们称之为 IPCC AR5 SR（Ref 48）方案；该方案以 Rogelj 等人文章中表 2 的预算数据为基础（Rogelj et al.，2016）；根据 IPCC AR5 SR，TAB 预算（门槛规避预算），2015 年的估算值是 590~1240 Gt CO_2。根据该估算，把 1861—1880 年间的气温升高限制在 2℃以下的概率是 66%~100%；这解释了 IPCC AR5 情景数据库（范围 10%~90%）中严格减缓情景子集所涵盖的 CO_2 之外的温室气体。减去从 2017 年而不是从 2015 年开始的 70 Gt CO_2 的四舍五入量和 2050 年以后剩余排放量的 100 Gt CO_2 配额，我们得出了 LB2C 方案的 420~1070 Gt CO_2 的预算范围。

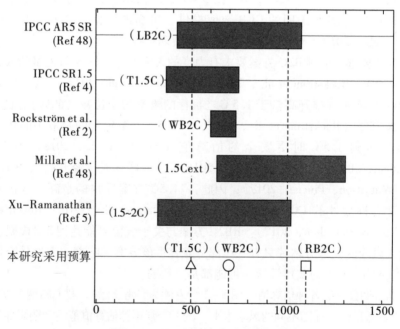

图 5-1　2017—2050 年全球碳预算

"1.5℃控制目标的预算估值"（T1.5C）预计为 370~740 Gt CO_2，我们称之为 IPCC SR1.5 方案（Rogelj et al.，2018），以 Rogelj 等人（2016）的文章中表 2 的预算数据为基础；根据该方案，如果使用 2018 年开始的剩余碳预算，那么，实现 1.5℃ 控制目标之 TCRE（Transient Climate Response to Cumulative Emissions，对累积排放的瞬时气候响应）的分位数（中位数）是 50%，2006—2015 年的额外升温为 0.5℃ 至 0.7℃；这一方案的碳预算估值是 530 ~ 900 Gt。加上从 2017 年而不是从 2018 年开始的 40 Gt CO_2 的整数，减去其中到 2100 年"额外的地球系统反馈（如永久冻土融化释放的 CO_2 或湿地释放的甲烷）"产生的 100 Gt CO_2，再减去为 2050 年以后的剩余排放所预留的 100 Gt CO_2，我们认为，T1.5C 的碳预算估值是 370 ~ 740 Gt。

"远低于 2℃ 控制目标的预算估值"（WB2C）预计为 600 ~ 730 Gt CO_2，我们称之为 Rockström et al. 方案（Rockström et al.，2017）；WB2C 以 Rockström 等人文章中的图表"符合《巴黎协定》的脱碳路径"为基础，认为 2017 年开始的全球碳排放约为 700 ~ 830 Gt CO_2；该方案认为，将气温升高控制在 2℃ 以下的概率大概为 75%；到 2100 年温度上升的中位数为 1.5℃；预估温度上升的峰值中位数为 1.7℃；到 2100 年将升温限制在 1.5℃ 以下的概率为 50%。减去 2050 年以后 100 Gt CO_2 的安全阈值（如 Ref 2 所论证的），我们认为，WB2C 的预算估值为 600 ~ 730 Gt CO_2。

"1.5℃ 控制目标的扩展估值"（T1.5Cext）预计为 630 ~ 1300 Gt CO_2，我们称之为 Millar 方案（Millar et al.，2017）；该方案以 Millar 等人文章中图 3 的估算值为基础，认为从 2015 年起 GCB 的预算范围大约是 220 ~ 400 GtC（800 ~ 1470 Gt CO_2）；该方案援引了 Millar 论文中"适应性减缓和碳预算"一节中最后的一段话："使用可能范围为 1.3℃ ~ 2.5℃ 的 TCR（Transient Climate Response，瞬态气候响应）和可能范围为 2.0℃ ~ 4.5℃ 的 ECS（Equilibrium Climate Sensitivity，平衡气候敏感性）作为参考因素，那么，气温升高 1.5℃ 的控制目标的剩余预算将不可能超过 400 GtC，也不可能低于 200 GtC。"减去从 2017 年（而非 2015 年）开始的 70 Gt CO_2，并像 Rockström 等人那样（Rockström et al.，2017），对 2050 年以后 100 Gt CO_2 的安全阈值进行折算，我们认为，T1.5Cext 方案的预算估值是 630 ~ 1300 Gt CO_2。需要注意的是，尽管解决了 T1.5C 的兼容性问题，这些估值相较而言似乎是最有风险的。估算值高的主要原因在于其构建方法，从 Millar 等人的文章（Millar et al. 2017）中的图 1b 可以看出：将时间调整到 2010—2019 年，在新的"零"参照点附近，所观察到的 RCP（Representative Concentration Pathway，代表性浓度路径）2.6 的温度变化轨迹与累积二氧化碳排放量之间关系函数的斜率明显下降，这导致在给定的升温限制下，未来碳预算的可用性明显提高。

然而，在目前累积的 CO_2 数量下，温度对累积排放的敏感性突然减弱，这在物理上似乎是不可能的。因此，我们怀疑 T1.5C 的兼容性，至少是 T1.5Cext 范围超过 800 Gt CO_2 的兼容性，尤其是在这种情况下：到 2016 年，全球气温估计已经升高约 1.2℃ ~ 1.3℃（Mauritsen、Pincus，2017）；全球气温的这种升高也更符合上述 T1.5C 上限的估算值 740 Gt CO_2。

"1.5℃ ~ 2℃控制目标的碳预算估算值"是 320 ~ 1020 Gt CO_2，我们称之为 Xu – Ramanathan 方案（Xu、Ramanathan，2017），分别以"目标 – 1.5C 方案"和"目标 – 2C 方案"作为下限和上限的依据，认为前工业化时代的 GCB 约为 2500 ~ 3200 Gt CO_2；Xu、Ramanathan 的论文中"减缓：三级战略"一节指出，"从前工业化时代到 2100 年的累积排放量必须低于 2.5 万亿吨 CO_2"（目标 – 1.5C 方案）；"将（自前工业化时代以来）累积的 CO_2 排放量限制在 3.2 万亿吨以内"（目标 – 2C 方案）。从 2017 年（而非从工业化前）以后的预算中减去 2080 Gt CO_2（截至 2016 年的历史排放量）（Friedlingstein et al.，2014；Rogelj et al.，2016），并对 2050 年以后 100 Gt CO_2 的安全阈值进行折算（尤其要注意这一点）（Xu、Ramanathan，2017），由此我们认为，1.5 ~ 2C 目标需要 320 ~ 1020 Gt CO_2 的排放预算。

5.3.2 用各种分配标准计算国家预算

所有的预算都是通过独立使用 CAC 或 EPC 机制，或者是增加限定条件的 CAC 或 EPC 机制来计算的。在 CAC 情景中，各国在起始年的排放量以其当时的排放水平为基础，并被分配到预算中，使其在未来的时间点（我们选择 2050 年）线性地减少排放，并趋向于全球人均排放量。在 EPC 情景中，各国立即（从情景的起始年开始）根据当前的人口水平，按照人均平等原则分配排放量。

1. 需求限定（N-qualified）

我们使用联合国年度系列报告中的人类发展指数作为衡量充足门槛概念所设定的福祉水平的指标（我们用 N-qualified 来表示基本需求的限定），这是一个包含预期寿命、教育和人均收入的综合指数。但是这个综合指数只是一个替代参数。正如 Doyal 和 Gough（1991）所指出的那样，这样的综合指数并没有考虑到基本需求是不可替代的这一因素（例如，无法接受教育以及没有大量收入的长寿并不能使一个人的生活达到充足门槛的水平）。相反，他们为每一种所谓的需求提出了具体的社会指标。在这一点上，我们认为不可能将这样一个广泛的多方面的测量指标付诸实施。为了确定目前与特定 HDI 门槛相对应的人均排放水平，我们使用年度固定效应，对 2010 年至 2015 年期间人均排放量的对数与不平等调整后的 HDI 和世界银行公开数据网站所提供的国家人口（World Bank，2018）之间的关系进行了逐一分析。

由此产生的与该 HDI 门槛有关的 2015 年人均排放量被认为是所有在 2015 年

达到或低于 HDI 门槛水平的国家的人均分配额；这是以 2015 年的人口为基础得出的各国在预算分配第一年的初始排放限额。在所讨论的主要情景中，我们使用 0.55 的 HDI 门槛水平，相当于被归类为中等发达国家水平的人们所需的最低 HDI。根据目前的实际排放，该门槛意味着年人均排放限额大约为 $1.6t\ CO_2$。针对图 5 – 3（C 区和 D 区）中的敏感性分析，0.65 和 0.75 的门槛分别对应每人每年约 $3.1t\ CO_2$ 和约 $6.2\ t\ CO_2$ 的排放量。低于该门槛的国家会被分配一个初始的二氧化碳预算，这足以涵盖从该水平开始的排放。

以上述计算方式减去 2050 年前的全球总预算后，我们只对剩余的全球预算的分配进行"正常"操作（例如，采用人均平等或紧缩与趋同的方法），这种操作将在所有国家——包括那些最初进行"低于 HDI 分配"的国家——中进行。在紧缩与趋同分配中，这些国家被分配到一个"最初低于 HDI"的 CO_2 预算，该预算可以涵盖从这个水平开始的排放；这些国家的排放量在 2050 年之前可以线性减排至全球人均排放水平。针对 2050 年这一目标年份，我们使用 IIASA（International Institute for Applied System Analysis，国际应用系统分析研究所）的 SSPs（Shared Socio-economic Pathways，共享社会经济路径）数据库中的人口预测假设作为分配的基础（根据 SSP2 的人口预测，这是一个具有适度减缓和适应挑战的中间假设）。

2. 历史限定（H-qualified）

在依据历史排放限定（用 H-qualified 来表示历史排放限定）来估计温室气体历史排放的数量时，我们把碳预算计算的时间点往后推移到 1995 年。关于 1995 年至 2016 年的历史排放（累积和国别），我们使用从世界银行公开的网站获得的数据。2050 年可行的人均排放数量的计算依据的是这些数据和现有剩余总量的（即全球的）碳预算。

3. 利益限定（B-qualified）

我们使用每个国家现有的资本存量（包括建筑物、基础设施、生产设施等存量）作为衡量以往的排放活动给当代人所带来之利益（benefits）的指标（用 B-qualified来表示利益的限定），这些数据来自佩恩世界表（Penn World Tables）（Feenstra et al.，2015）。我们使用投资的平均资本存量碳足迹作为衡量与该资本存量相关的过去排放下限的替代参数。这是在 Müller 等人（2013）的文章的基础上计算的，他们估算了 2008 年全球累积资本存量所体现的碳排放。

可以说，与其对资本存量所体现的排放进行直接补偿，我们不如对这些排放总量——要获得 1995 年之前的资本存量所带来的那些利益，这些排放数量是必须的——进行分配；因为，在排放干预期，生产该资本存量的工业化过程的温室气体排放强度很可能已经降低了。这将可能只需使用少量的资本存量，但使用的数量只能基于猜测。此外，由于资本计算方法的多样性，并非所有的历史资本存量都可以被视为有益的，这样一来，调整系数需要调整到 1 以上。由于这种不确定性，在计算从过去的资本存量获得的利益时，我们将不考虑调整系数。

4. 约束限定（C-qualified）

为了避免在人均相等的情况下出现负担过重的年度减排量（这对年度最大减排量构成了约束，我们用 C-qualified 来表示），我们把每年减少排放 7% 视为合理的负担极限，并计算出在此限制下一个国家可能达到的最低累积预算。然后将这一最低限度与简单的 EPC 机制下的预算分配进行比较，如果发现简单的 EPC 要求过高，那么，各国可以选择依据 EPC 和 CAC 这两种分配机制中的任何一种来分配相关的碳预算。

通过给所有国家分配一个符合这种负担约束的最初的预算，我们以一种非常有限但合理的方式考虑到了祖父原则的问题。由此产生的 EPC 机制考虑了所有的限定条件，包括这种负担约束限定条件（图 5 – 3 中的 NHBC 限定条件：NHBC-qualified）；这些限定条件适当地弥补了简单的 EPC 和简单的 CAC 这两种机制的缺点：首先，它不认为今天高度不平等的排放水平是理所当然和无可指责的；其次，它考虑到了我们所区分的三个最低限度的公平性因素；最后，它考虑了减排负担的合理的社会经济限制。

5.4 结 果

我们发现，限定 NHB 条件的 CAC 蕴含与简单的 EPC 蕴含相似（图 5 – 3）。我们可以从以下几个方面来解释：首先，当我们通过优先使所有国家达到 HDI 的门槛来限定 CAC 时，这些国家实际上获得的预算几乎与简单的 EPC 所分配的预算相似；其次，当我们把过去的排放（1995 年①以来的排放和/或 1995 年可用的基础设施所体现的排放）考虑在内时，发现这些排放被证明是如此之高，以至于对于低于 HDI 门槛的国家来说，它们解释了简单的 CAC 和简单的 EPC 之间的剩余差异，而对于历史上的高排放国家来说，它们解释了简单的 CAC 和简单的 EPC 之间的大部分差异。

---

① 绝大多数国家实际上不会受到将历史参考年份推后的影响。在 CAC 分配机制下，只有阿曼会受到大于一个数量级的预算影响。在 EPC 机制下，更多的国家将受到这种影响（173 个国家中有 13 个国家会受到这种影响）；这种变化主要影响高度发达的国家，特别是那些从 1995 年到 2005 年预算分配大幅增加、迅速扩大其排放量的国家（例如南非），或者相反地影响其排放量有所减少的国家（如捷克或芬兰）。

表5-2　依据三种GCB分配方案和不同的负担分配进路，2017—2050年部分国家的总体碳预算和人均碳预算

Country	Target 1.5 degrees (T1.5C)				Well below 2 degrees (WB2C)				Risky below 2 degrees (RB2C)			
	CAC Simple	CAC NHB-qualified	EPC Simple	EPC NHBC-qualified	CAC Simple	CAC NHB-qualified	EPC Simple	EPC NHBC-qualified	CAC Simple	CAC NHB-qualified	EPC Simple	EPC NHBC-qualified
Country total carbon budgets (Gt CO$_2$)												
Ethiopia	1.3	15.5	11.4	18.7	8.3	25.8	17.8	30.4	-2.2	10.4	8.1	12.7
Madagascar	0.4	4.3	3.0	5.0	2.3	7.2	4.7	8.2	-0.6	2.8	2.2	3.3
Philippines	3.0	10.3	10.8	12.8	9.6	13.4	16.9	17.6	-0.3	8.7	7.7	10.2
India	54.1	163.0	129.9	199.2	130.2	275.6	204.2	333.9	16.1	106.7	92.8	129.5
China	203.1	37.0	111.5	105.8	258.5	63.6	175.2	95.8	175.4	23.7	79.7	108.7
Brazil	11.6	12.3	18.6	15.3	21.8	17.2	29.2	23.9	6.5	9.8	13.3	10.7
Germany	14.1	7.7	6.8	-4.1	17.6	9.4	10.7	-4.4	12.4	6.9	4.9	-3.9
Russia	33.2	16.4	11.8	1.6	39.2	19.3	18.5	1.1	30.2	15.0	8.4	1.6
USA	102.0	36.5	30.6	-19.4	119.7	45.0	48.1	-22.4	93.2	32.2	21.9	-18.6
Country per person carbon budgets (t CO$_2$)												
Ethiopia	11.6	138.5	101.3	167.0	73.8	230.6	159.2	271.2	-19.5	92.5	72.4	113.3
Madagascar	13.6	159.1	112.0	185.0	87.0	267.7	176.0	305.7	-23.1	104.7	80.0	122.8
Philippines	27.9	95.3	99.7	118.3	88.4	124.3	156.6	162.4	-2.4	80.7	71.2	94.5
India	39.6	119.3	95.1	145.8	95.3	201.7	149.4	244.4	11.8	78.1	67.9	94.8
China	145.3	26.5	79.8	75.7	185.0	45.5	125.4	68.6	125.5	16.9	57.0	77.8
Brazil	54.9	58.1	87.9	72.5	103.1	81.3	138.2	113.2	30.8	46.5	62.8	50.6
Germany	170.1	92.7	81.7	-47.9	211.8	112.7	128.4	-52.6	149.3	82.7	58.4	-47.3
Russia	229.7	113.8	81.6	11.0	271.2	133.7	128.2	7.4	208.9	103.8	58.3	11.1
USA	310.9	111.1	93.3	-59.2	364.7	137.0	146.6	-68.2	284.0	98.2	66.6	-56.5

注：国家总体排放预算单位为亿吨二氧化碳（Gt CO$_2$）（表的上半部分），人均排放预算单位为吨二氧化碳/人（t CO$_2$/人）（表的下半部分）。时间为2017—2050年。

我们的实证研究结果表明，以上述方式对 CAC 和 EPC 作出限定，将对 GCB 在各国的分配有很大的影响（参见表 5-2 中部分国家的数据、图 5-2 以及补充文件中所有国家的数据）。

如图 5-2 所示，我们发现，把历史排放计算进来，这会最为剧烈地改变大多数国家的剩余碳预算；甚至对那些低于 HDI 充足门槛的国家（埃塞俄比亚、马达加斯加）来说，这种计算所带来的影响也要比这种要求——做出调整以获得达到 HDI 门槛的能力——的影响要大。反之，考虑历史排放对那些能够成功减排之国家的影响要小得多（图 5-2 所示的国家中：CAC 分配机制下的德国）。对于后一类国家来说——如果减排集中在过去 20 年，而在更早的时期没有排放——对于体现在资本存量中之利益的考虑将会大幅度地减少其剩余碳预算。最后，一般来说，EPC 机制下的公平性调整对剩余碳预算的影响程度比 CAC 小，但八国集团（G8）国家除外。

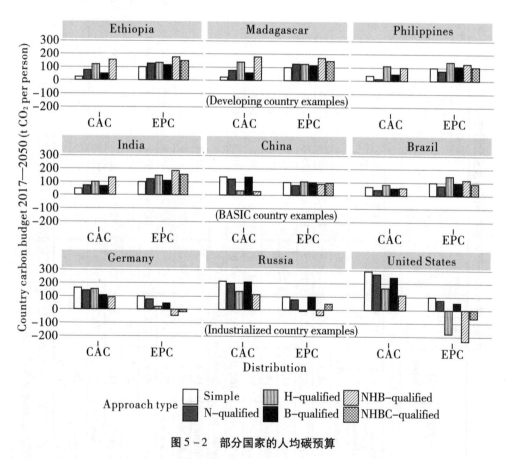

图 5-2　部分国家的人均碳预算

全球碳预算的分配遵循简单的 CAC 机制、简单的 EPC 机制以及增加限定条件的 CAC 和 EPC 机制，限定条件包括解决基本需求（限定条件 N，N-qualified），计算历史排放（限定条件 H，H-qualified），过去排放的利益（限定条件 B，B-qualified）以及这三种限定条件的结合（限定条件 NHB，NHB-qualified）。对于 EPC 方案来说，还包括一种额外的限定条件，即增加一个合理的负担约束从而得出一个包括所有限定条件的 EPC 方法（限定条件 NHBC，NHBC-qualified）。图 5-2 中各排代表国家发展水平：第一排：发展中国家（埃塞俄比亚、马达加斯加、菲律宾）；第二排：基础国家（印度、中国、巴西）；第三排：八国集团国家（德国、俄罗斯、美国）。

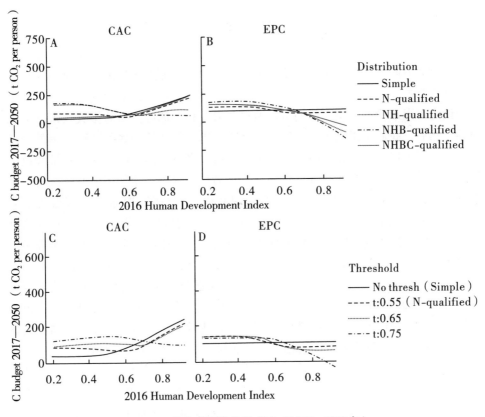

图 5-3　国家碳预算的敏感度（2017—2050 年）

图 5-3 中 A 区和 B 区表示碳预算的不同分配方法对不同 HDI 水平之国家所造成的影响，C 区和 D 区表示对不同 HDI 水平之国家的 HDI 门槛所产生的影响。图 5-3 中 A 区和 B 区说明，在将基本需求（限定条件 N）、历史排放（限定条件 NH）和过去排放的利益（限定条件 NHB）纳入考虑后，CAC 和 EPC 的预算

分配所发生的变化。图 5-3 中 A 区和 B 区还展示了增加了四重限定条件的 EPC 分配进路（限定条件 NHBC）。图 5-3 中 C 区和 D 区表明，对于基本需求以及满足该需求的相应排放量而言，预算分配对提高 HDI 门槛水平具有敏感性。

在 CAC 机制下，改变最低基本需求的门槛对不同 HDI 水平之国家的碳预算分配都有很大的影响（见图 5-3 的 C），提高门槛会明显增加低 HDI 国家的预算，减少高 HDI 国家的预算。在 EPC 机制下，提高最低门槛也明显减少了高 HDI 国家的预算，但只适度增加了其他国家的预算，因为这些国家能够分配到的全球碳预算——总体上只是稍微增加一点——毕竟是按人均平等的方法进行分配的。

讨论与结论

具有所有限定条件（限定条件 NHBC）的 EPC 机制将以这样一种方式来分配全球碳排放：该机制对某些国家所提出的减排率使得它们所承受的负担要高于我们认为可以承受的负担。我们可以通过假设一种全球可交易的排放权来减缓该问题。然后，我们可以期望高度发达的高排放国家能够从一些国家购买额外的排放许可，因为这些国家在全球碳预算中所占份额多于他们在可承受的减排率范围内达到减排趋同点所需要的排放份额（即后者可选择不完全使用他们所获得的排放许可权，使前者能够以更低的成本实现减排）。各国需要通过国家自主贡献（NDCs）的方式相互合作，以实现《巴黎协定》的目标；我们认为，实现这种自愿合作的实际措施，除了纯粹的许可证市场之外，还有一系列可用来实现更多样化的绿色产业政策的方法，包括提供补贴和进行管制；这些方法已经具有可行性并得到了讨论（Meckling、Allan，2020）。《巴黎协定》在某些实质性问题上（如气候资金）对特定类别的国家（例如最不发达国家）予以区别对待，这也为这种自愿合作提供了更丰富的基础，超越了先前对工业化国家和发展中国家的僵化区分。然而，针对这里所说的相关合作领域，特别是气候资金和技术转让，各国在制定国家自主贡献时所显示的自我区分往往与《巴黎协定》所作的区分不一致（Pauw et al.，2019），这虽然可能使合作更符合各国的具体国情，但更难以在《巴黎协定》的背景下提出某种可以普遍地推广和应用于所有国家的普遍合作模式。

第二个前提和进一步的限定条件与这一要求——所有的国家都实现相同的最大限度的减排率——的公平性有关。这对那些在 2016 年之前的几年里为降低排放强度做出努力，并且仍然需要大幅度减少排放以达到趋同点的国家来说是不公平的。对于这些国家来说，"低挂果实"已经消失了，他们现在面临着一个更困难的任务，即把排放量减少到所需水平。因此，我们不能期望它们能减排至相同的最高水平。尽管很难得到证实，但的确有证据表明一些国家认真地实施了这类减排措施；这似乎是极少数高度发达的国家的情况（例如，丹麦可能是这样做的）。对于这类国家，我们需要相应地降低所规定的最大减排水平。

我们的结论是，简单的平等排放方法和分阶段排放方法都会受到相似的批评。只有当我们满足了主要和最低限度的公平性要求时，我们才能对各国在向低碳经济和社会转型期的碳排放总预算的分配有一个合理的理解。对这些公平性问题的批判性解释使我们能够把一种四重限定的 EPC 分配机制视为最合理的方案。通过将祖父原则的合法理由纳入考虑，我们就可以理解，四重限定的 EPC 分配机制反映了 CAC 分配机制中可辩护的内容。我们认为，具有四种限定条件的 EPC 机制（限定条件 NHBC）是一个有希望的建议，可以就剩余 GCB 的分配达成国际协议，这是《联合国气候变化框架公约》的明确且隐含的承诺。

第 6 章

气候正义、继承的利益与人均期望

为了将全球温度上升限制在最高 1.5 摄氏度的范围内，全球温室气体排放量必须大幅减少（见 2016 年 11 月 4 日起生效的《巴黎协定》，以及 2015 年的《联合国气候变化框架公约》）。根据这一要求，排放（或排放权）是一种有限的资源。剩余的全球碳预算或排放预算必须由各国公平分享。① 鉴于福祉和排放水平之间的正相关关系，这样的分配将对各国的行为选择和未来各国可实现的福祉水平产生重大影响。因此，公平分配剩余的全球碳预算是非常重要的。

从纯粹规范的角度来看，国家之间的碳预算分配必须考虑几个因素。一个具有潜在重要性但仍有争议的因素是各国在过去或历史上的排放量。在确定剩余 GCB 的分配时，是否应该考虑到这些因素，如果是的话，具体该如何考虑（Meyer、Sanklecha，2017b：1-21）？

在该议题上，可能存在两种立场。第一种立场，一些人要求高排放国家在剩余全球预算中所占份额要低一些，因为在这些国家境内已经发生了排放。这种观点往往是由历史上和迄今为止排放水平较低的国家提出的，因此他们要求为自己获得更大比例的剩余预算。笔者将在 6.2 节"历史上形成的合法期望的规范意义"中讨论支持这一立场的论据。第二种立场通常为排放水平远高于平均水平的国家（即高排放国家）所支持。这些国家支持的立场是，由于它们目前已经达到并依赖于高水平排放，它们有权获得剩余排放预算的大部分份额。这种观点可以被称为基于"祖父原则"的排放权（"grandfathering" emission rights）。国家的自身利益明显地决定了各个国家在这个议题上的谈判立场。例如，虽然高度工业化国家没有明确主张祖父原则，但《巴黎协定》中的国家自主贡献（NDCs）实际上可以被证明是基于这一概念的（实证证据参见 Williges 等人的文章）。笔者将在下文讨论笔者所认为的支持这一立场的最合理理由。

根据这两种立场，历史排放是具有规范意义的。重要的是，这两种立场似乎

① 见 Williges 等人的文章对关于什么可以被认为是公平分配以及由此产生的有关预算的讨论。

都是合理的，并且都有成熟的论据支持（Meyer、Roser，2010；Meyer，2013；Meyer、Sanklecha，2011，2014）。在本章中，笔者旨在说明上述两种立场在多大程度上具有理论上的联系，因为考虑过去排放的相同的规范性理由同时代表了这两种立场。这似乎表明，两种立场都与剩余排放预算的分配有关，但各自的方向相反，要么是减少要么是增加高排放国家的公平比例。① 然而，笔者将论证，这是不正确的。这是因为，事实证明，这两种立场的规范意义是不同的。笔者认为，第一种观点（继承净利益的观点）在规范意义上与全球预算在国家间的分配相关。它有利于减少（历史上）高排放国家的份额。第二种观点（合法期望的观点）在规范意义上与向低碳转型的负担在国家间的公平分配有关。它不支持增加（历史上）高排放国家的份额。相反，在选择国家转型战略时，应考虑到转型过程中因个人基于现状的合法期望受挫而给个人带来的特别高的成本；如果这是国内正义所要求的，则应予以平衡。最后，关于历史和过去排放的不平等后果之于公平分配剩余全球排放预算的规范意义，笔者的观点不仅是合理的，而且是可行的，至少在动态意义上是如此。虽然一个以对历史排放充分敏感的方式分配全球排放预算的协议对于今天的高排放国家来说是不可行的，但所有国家都应该致力于改变其可行性的限制，这样一来，实施对历史敏感的公正分配对于它们来说将是可行的。

6.1 从排放活动中获取利益的规范意义

在笔者讨论历史排放对于公平分配剩余全球排放预算的意义之前，笔者需要澄清为什么我们有理由先关心剩余可允许排放量的公平分配。如今，我们几乎所有的活动（到目前为止），包括工业品和农产品的消费与生产，以及个人旅行和商业运输都包含着排放温室气体这一（到目前为止）不可避免的副产品。大多数促进我们福祉的行为都一直以产生排放为必要条件。虽然我们没有理由对排放本身感兴趣，但我们有充分的理由关注我们的福祉，因此，只要排放是商品生产、贸易和消费不可避免的副作用，我们就被允许排放或消费商品。换句话说，重要的不是排放本身；相反，重要的是人们从不可避免的排放行为（温室气体是

---

① 个人有权获得剩余全球预算的份额，或者说本章假设如此。而且，人们普遍相信所有人都有权获得平等的考虑（证明理由见 Meyer，2013）。因此，剩余排放预算在各国之间的公平分配是基于对人与人之间公平分配的理解。如果个人之间的权利差异不能被证明具有合理性，那么每个人都应该被分配到全球剩余碳预算的平等份额。如果是这样，人均平等原则将只按各国目前和未来的居民人数来确定各国的合法份额。

该行为的副产品）中获得的利益。因此，笔者建议将"分配排放"理解为分配从事某些活动的许可，这些活动经常使从事这些活动的人受益，并以排放作为其直接或间接的副产品。这些许可通常被称为"排放权"。因此，分配排放代表着通过分配排放权来分配从事直接或间接产生排放的活动的利益。

在向净零排放转型的过程中分配 GCB 时，我们应该关注如何分配通过排放活动而可能获得的利益。在向净零排放过渡的转型期，我们没有充分的理由相信各国可以从已经分配给它们的排放中获得更多或更少的利益，也就是说，我们假设排放权具有全球可交易性。同时，一个国家的 GCB 份额越大，这个国家向净零排放转型的成本就可能越低，或者说，这个国家在转型期就可能获得更多的利益。这一点将变得很清楚。笔者的观点是，有限的 GCB 应在人均平等的基础上进行分配，这种分配应具有历史敏感性：预算的公平分配应反映人民/国家从过去的排放活动中已经实现和将要实现的利益。这意味着，笔者将论证，历史的和过去的排放中某些部分是重要的，因为它们是过往活动的副产品，对于当代人和未来的人来说具有不平等的有益影响。①

首先，我们可以看到，一个国家或地区的福利（welfare）水平与这些国家或地区的历史以及当前的排放水平有着强烈的正相关关系。高度工业化国家在 1850 年至 2002 年的排放量是发展中国家的三倍以上（Baumert et al.，2005）。② 当今大气中很大比例的温室气体源于高收入国家的工业化。生活在和将要生活在发展

---

① 可以肯定的是，各国事实上将实现多少（属于它们的）人均排放的利益，部分取决于它们的转型战略和它们对这些战略的成功实施。由于有限的 GCB 分配是在整个转型期进行的，该分配鼓励每个国家最有效地利用其国家排放预算（也可以通过出售排放权的方式，如果这样做将使国家利益最大化）。一些国家可能已经采取了降低排放强度的政策，并取得了成功。因此，它们取得了与其他国家相同数量的利益，但排放量较少。各国在降低排放强度方面取得的成功应使其受益，然而，因为笔者认为我们应该从 1990 年起分配 GCB（因为至少从 1990 年起，国家要对造成的排放负责），所以这些成功将使它们受益。在此，笔者假设各国在 1990 年之前没有开始降低排放强度，或者只有 1990 年之后的努力才具有规范意义。

② 这是一个相当粗略且有些过时的估计。笔者根据 Gütschow 等人（2016）的文章提供的 1850 年至 2014 年世界上几个国家和国家集团的排放份额（国家排放总量/全球排放总量）来核查这一信息的准确性。这些份额的差异取决于估算者是否把土地利用（land use）、土地利用变化（land-use change）和林业（forestry）（LULUCF）考虑进来，即是否把人类对土地的直接利用（如居住和商业用途）、土地利用变更和林业活动产生的温室气体的排放和清除考虑进来。第一个数字包括 LULUCF（指土地利用、土地利用变化、森林），但第二个数字不包括它。美国的国家排放份额为 22.2% 和 27.3%，欧盟国家（EU-28）为 17.1% 和 23.3%，最不发达国家（LDCs）为 3.0% 和 0.4%，金砖四国（巴西、南非、印度、中国）为 22.1% 和 17.2%。根据这些数据，从 1850 年到 2014 年，美国和欧盟 28 国的总排放量是最不发达国家的 13 倍（包括 LULUCF）或 126 倍（不包括 LULUCF）。感谢 Keith Williges 的计算结果。

中国家或新兴国家的大多数人，不仅从排放活动中获得了更少的利益，而且他们还将因气候变化的后果而遭受更多的痛苦（United Nations Population Fund, 2014）。[①] 在这一节中，笔者将重点讨论过去排放活动的后果在今天和未来给人们带来之不平等利益的道德意义。

本书第 91 页曾讨论了反对关注历史排放的三种意见。这些反对意见涉及过去排放的不同人群和因素。第一种反对意见与已经去世之人的排放有关；第二种反对意见涉及 1990 年联合国政府间气候变化专门委员会（IPCC）发表第一份评估报告之前造成的排放；[②] 第三种反对意见是关于过去发生的足以成为当代人之所以存在的必要条件的排放（和影响排放的法规）。

尽管存在这些反对意见，但笔者认为，至少有一些历史排放应该被视为与确定剩余碳排放预算在当代人和未来人之间的公平分配相关。这是因为我们关注的是如何对排放活动的有益影响进行公平分配，而不是排放本身的分配。在下文中，笔者将论证，这三种反对意见并不排斥这些看法：第一，至少从人们可以为产生排放承担道德责任的时候开始，他们从自己的排放活动中获得了不平等的利益。第二，这些反对意见并不反对考虑那些之前活着的人的排放活动，只要这些排放活动给当代人和未来人带来了不平等的利益后果。

笔者的第一个建议是，在各国之间分配剩余碳排放量时应当考虑过去的排放量，其依据的理念是，人们从其排放活动中获得的利益（至少是从他们能够认识到其排放活动将导致人为的气候变化问题时开始）应当公平地纳入考量的范围。

---

① 就本章而言，笔者把两个同样重要和有争议的问题相提并论，即谁必须为不可避免的气候变化提供补偿措施，以及什么必须被视为不可避免的气候损害（Meyer, 2013：609 – 614；Wallimann-Helmer et al., 2019）。这两个问题的答案可能为今后如何分配排放权提供参考。

② 参见 Houghton、Jenkins、Ephraums（1990：5 – 6）。这是一个非常简单的假设。关于人们在什么情况下可以被认为应该能够获得有关气候变化后果的知识，以及他们可能的实际无知在什么情况下可以被指责的讨论，参见 Gosseries（2004b：36, 40）。该文列出并讨论了一些可以替代 1990 年的时间节点：1840 年（巴西提案所提出），1896 年（瑞典科学家 Svante Arrhenius 发表第一篇有关温室气体影响的科学论文），1967 年（第一次认真尝试建模），以及 1995 年（第二篇 IPCC 报告发布）。我们旨在设定某个时间点，从该时间点开始，所有的行为者都可以被认为平等地获得了相关的知识基础，或者从该时间点开始，他们平等地要为自己的无知负责。对时间点的这种设定依赖于简单的假设，正如 Gardiner（2016：111 – 113）所指出的。Gardiner 追溯了人们认识气候变化问题的历程，并认为个人和其他（尤其是国家）行为主体对其排放行为的后果有不同的了解，这种了解与对责任的确认有关：在确认规避风险的责任时，既要考虑不同的历史背景，也要考虑不同的行为主体。明确了该问题的复杂性后，结合本章的主旨，笔者将采用简化的假设，即自 1990 年以来，人们和行为主体有责任知道他们排放活动的后果。

为了达到这个目的，我们假设这里适用的分配原则是对排放权进行人均平等分配。[①] 有人可能认为，人们每天应该有相同数量的排放权。然而，这种分配原则面临一些问题。首先，人们并不每时每刻都在产生排放，这个事实支持这一点，即，排放权应该在人们的整个生命周期中均匀地加以分配（Holtug、Rasmussen，2007；Hurka，1993：9－22）。产生排放的需要不仅是偶尔出现的，而且，人们也无法避免排放活动。目前，几乎所有的活动和生活的各个阶段都需要排放。在可预见的未来，这种情况将继续存在。到目前为止，如果排放量的计算是以消费为基础的话，排放水平与排放获得的利益之间就具有很强的关联性。根据气候学家的广泛共识，我们必须在2050年前实现经济和社会向净零排放转变，以避免"危险的气候变化"的后果，该后果预计将导致全球平均气温上升超过1.5或2摄氏度（《巴黎协定》第2、第4款；UNFCCC，2015c）。这种转型的假设是，人们要么避免大规模地排放温室气体，要么对其排放后果加以补救或捕捉其已经排放的温室气体。这种转型所带来的成本——不仅对个别国家和地区，而且对个人来说——可能在很大程度上取决于这些行为者在转型过程中仍然被允许产生多少排放量。这意味着，碳排放预算（以及每个国家目前的排放水平）决定了，为了在大约三十年后实现碳中和的目标，平均减排率必须有多高，而这又将决定各国的后续政策：为了达到这一目标，减排措施必须有多严格，补偿和萃取措施必须有多广泛。

如果未来排放权的分配涉及个人一生中剩余排放预算的公平份额，那么就必须考虑当代人产生的以及可以追究他们责任的排放。显然，这只是人类产生的所有排放的一部分，即约11%（包含了1990年至2014年年龄超过18岁的当代人产生的排放）。[②] 然而，这些排放活动所带来的利益在人们之间的分配是不平等的，这种不平等取决于人们从自己和他人的排放活动中能够实现多少利益。如果

---

① 在此，笔者做了以下假设：第一，可以证明，在不考虑历史排放的情况下，即使是不严格的平等主义分配原则（特别是所谓的优先原则）也要求，至少要为生活在所谓发展中国家的许多人分配平等的（即使不是更多的）份额（Meyer、Roser，2010：231－233）。第二，人均平等的方法涉及在国家之间而非个人之间分配剩余的 GCB。第三，国家有责任以合法的方式分配剩余的排放许可；根据笔者的理解，这至少需要保障居住在该国的所有人的基本权利。第四，鉴于其国家预算的严格限制，国家（和次国家政治当局）有强烈的动机来最有效地利用其预算。

② 1850年至2014年的总排放量（包括 LULUCF）为20910亿吨，18岁以上的当代人产生的排放量（包括 LULUCF）为7530亿吨，1990年至2014年18岁以上的当代人产生的排放量（包括 LULUCF）为2420亿吨。因此，1990年至2014年，18岁以上的当代人产生的排放（包括 LULUCF）在1850年至2014年的总排放量中的比例约为11%。感谢 Keith Williges 根据联合国人口数据（United Nations，2019）和 Gütschow（2016）进行的计算。

公平的排放份额代表了公平份额的排放活动利益，那么高度工业化国家的人们通常已经从他们自己负有责任的排放活动中获得了大量的利益。因此，如果我们想要实现平等的人均利益分配，以下选择就是恰当的：需要给一些人很大份额的有益排放活动的许可，这些人生活在发展中国家，在生活中获得的排放利益要少得多。这是一种为发展中国家的大多数人争取高于平均水平的人均排放权的论证方式。该论点基于这一理据：当代人在其一生中从其负有责任的排放活动中获得了不平等的利益。

上文所考察的第一种和第三种反对意见并不反对这一理据，但第二种反对意见可能会反对。人们可能从他们过去的排放中受益，但他们（例如在 1990 年之前）并不知道其对气候变化造成的后果，他们的这种无知是情有可原的。只要他们不知道他们的排放活动导致了气候变化，就不能责备他们的无知，也不能责备他们从这些排放中受益。因此，至少就笔者在这里的论证而言，[1] 这些排放及其有益后果应被视为与全球剩余可允许排放预算的分配无关。[2]

在说明了这一事实——人们（至少在他们可以被理解为对这些活动负有责任的情况下）从自己过去的排放活动中获得了不平等的利益——的规范意义之后，笔者现在转向第二个建议，即在分配剩余的可允许排放的 GCB 时应把某些历史排放的后果考虑进来。第二项建议是，在计算剩余 GCB 的公平分配时，可以而且应该考虑其他人（包括前代人）的排放活动（这些活动使当代人受益），可以

---

① 在将论证范围限制在 1990 年后的排放活动时，笔者承认有些人（显然还有 Posner、Weisbach，2010：104 – 116）反对这一点：在不能指责他们的行为的情况下仍要求他们承担其行为的分配后果。如果是这样，我们还必须对这一论点做进一步的限制，即具有分配蕴含的排放活动仅限于那些有能力的成年人的排放活动。这也反映在前文的相关论述中，那里笔者只考虑 1990 年至 2014 年 18 岁以上的当代人的排放量以及他们在总排放量中占据的份额。

然而，笔者想指出的是，笔者认为这一论点并不完全令人信服。把排放活动所带来的利益纳入考虑的分配正义，其合理性并不依赖于责任归属。该论点所依据的分配原则并不基于不当行为，而是基于排放活动造成的福祉的分配不均，这种不均基于如下前提，即人们无论生活在何处，都对排放活动的利益有平等要求。该论点证明了在个人的一生中实现排放利益均等化的想法是合理的。如果是这样，对于分配原则来说，这是不是在明知故犯的情况下发生的并不重要，重要的是个人已经从排放活动中实现了利益。这个问题不是为工业化国家的人的不当行为提供补偿措施的问题。当然，随着时间的推移，这一争议的实际意义也在减弱，因为 1990 年后产生的排放的比例在增加，而且越来越少的人在成为有能力的成年人后，他们的无知仍然不受责备。然而，正如前面脚注提供的数字所表明的，18 岁以上的当代人（包括 LULUCF）在总排放量中的比例约为 35%（原文数据如此，疑有误——译者注），而 1990 年至 2014 年 18 岁以上的当代人的比例约为 11%。

② 在本章中，笔者并没有从损失和伤害（对它们的分配是高度不平等的）的角度来探讨历史的排放活动之有害后果的相关性。

且应当考虑这一重要的制约因素，即各国如何能够在 2050 年实现向净零碳排放的转型。只要继承的利益（inherited benefits）破坏了排放活动之利益的公平分配，它就应该被认为是不应得的利益。

我们的先辈所追求的工业化至今仍为我们带来有益的影响，而且这种好处对于高度工业化国家的人来说，比生活在发展中国家或新兴国家的人更大。这些好处包括，例如，提供复杂的基础设施，包括教育设施、医院、道路和火车联运，这些设施往往在当代人出生之前就已经建好了。因此，在对剩余的排放预算进行公平分配时，我们就需要把过去或历史排放的这些额外的利益（这些利益约占 1850 年到 1990 年所有历史排放所获得的利益的 5%）考虑进来；① 这些利益甚至超过了笔者在第一个建议中所涉及的利益。

把这些利益考虑进来的基本理据如下：第一，我们不应该从排放的角度，而应该从排放活动所带来之利益的角度来考虑 GCB。② 第二，先辈的排放活动所带来的不平等的继承利益，能够影响到当代人在其有生之年可以获得和将要获得的利益。第三，1990 年以前的这些排放活动，就其导致了碳排放而言，可以被认为是没有过错的，但它们与分配仍然是相关的。第四，当代人并不是因为做出了某些努力就获得了这些利益的较多份额。第五，我们可以依靠分配原则来确定排放活动的利益在个人一生中的公平分配。第六，正如笔者在其他地方所论述的，在平等主义和非平等主义的基础上，分配"个人整个生命期的排放活动的利益"的人均平等原则是合理的（Meyer、Roser，2006：238 - 240）。第七，由于先辈的无过错排放活动产生的不平等后果是基于运气，工业化国家之人民对这些利益之较多份额的分享不是应得的，所以，在具体分配剩余的排放预算（即实施碳排放活动的许可，这些活动给那些实施这些活动的人带来潜在的好处）时，要把这些继承的利益考虑进来。

因此，在分配全球剩余的碳排放预算时把继承的利益考虑进来——这并不会遭受上述三种反对意见的反驳。这样做并不意味着让当代人对前代人的排放行为

---

① 1850 年至 1990 年的历史总排放量（包括 LULUCF）为 13280 亿吨；1990 年体现在资本存量中的排放量为 627 亿吨。因此，资本存量所体现的排放量与所有历史排放量（从 1850 年到 1990 年）的比率约为 5%。感谢 Keith Williges 的计算。排放数据见 Gütschow 等人（2016）的文章，资本存量数据见 Feenstra 等人（2015）的文章。Feenstra 估计的 1990 年全球来源于碳排放的资本存量等于 Müller 等人（2013）提出的包含碳元素的货币比值乘以资本存量（例如，每 10 亿美元资本存量中得益于碳排放的资本存量为：0.00426357 亿吨碳乘以 10 亿美元资本存量）。

② 从分配的角度来看，把"从排放活动中获得的利益"这样一种益品作为探讨的对象是有意义的（Baatz、Ott，2017）。

负责。相反，继承之利益的观念认为，历史排放的这些后果是一个运气问题。此外，把这些利益考虑进来与后面这一事实是完全相容的：贡献了这些利益的人对其排放后果之无知是情有可原的。

因此，上述反对意见中的前两条并不反对将这部分历史排放考虑在内。第三种反对意见以非同一性问题为依据，似乎反对把那些从先辈的行为中获得的利益纳入考虑的范围。然而，仔细思考就会发现情况并非如此。这是因为，考虑历史排放的论点是以分配正义的观点为基础的，并不取决于这一假设：如果历史走上了另一条道路，当代人的处境就会比现在的处境更好或更坏。非同一性问题的出现是因为，没有人可以说他或她已经从工业化中受益或受损，因为如果人类社会走上了不同的发展道路，他们很可能就不会出生了。非同一性问题并不会削弱这一论点：自被孕育以来，人们在其中得以成长和生活的环境对他们来说或多或少是有利的。人们能够获得多少利益取决于他们是不是在工业化世界成长的。如果一个人在高度工业化国家出生后不久就被迁往某个发展中国家的贫民窟，那么他/她的情况显然会有所不同。笔者提出的分配进路考虑到了这一点：这些利益在一定程度上是其先辈排放活动的结果。

总而言之，为了公平分配剩余的排放预算，过去排放的某些部分应该被纳入考虑。首先，根据上述论点，使 1990 年以来的当代人受益的那些活动所产生的过去的排放是重要的。其次，那些过去的排放是由其他人的排放活动产生的，同样重要的是，这些活动仍然使当代人和未来人受益。[①] 因此，关注继承利益的理据认为下述利益是相关的：第一，当代人（至少在他们成年时）通过其排放活动所获得的那些不平等的利益；第二，当代人自其被孕育以来就获得的那些不平等的净利益（作为其先辈排放活动之有益的和有害的长期结果）。[②]

在确定各国的 GCB 公平份额时，上述两种利益是相关的因素。首先，如果自 1990 年以来，各国的居民从自己的排放活动中获得的净收益大于平均水平，那么各国就应该在剩余的排放预算中分配较少的份额。其次，如果各国的居民从前代人的排放活动中获得的利益超过了平均水平，那么各国就应该在剩余的排放预算中分配较少的份额。当然，其居民从过去和历史上的排放中受益较少的那些国家，有理由要求在全球可允许的剩余排放预算中获得更大的份额。（在 6.5 节"可行性关切"中，笔者将讨论将这些历史责任付诸实施的方法，并讨论这一观点之分配意涵的可行性问题。）

---

① 关于历史排放及其后果之规范意义的其他解释，参见 Meyer、Sanklecha（2017a）。

② 前代人的长期排放所带来的净收益包括当代人从历史排放中所获得的实际的和预期的收益，当代人的实际的和预期的适应成本，以及他们在一生中已经遭受或可能遭受的不可避免的损害或损失。

由于这两个理据只考虑了一部分的历史排放，所以它们没有考虑到前代人在产生排放方面的巨大不平等的问题。例如，可以追溯到的那些仅仅使前代人（而非当代人）受益的历史排放不具有规范意义。这类排放的数量约占历史总排放量的61%。①

总而言之，如果我们把排放权的分配理解为一个分配正义的问题，那么，我们所讨论的就不是伤害或不当行为。相反，我们的目标是将与排放活动相关的利益在当代人的整个生命周期中进行公平分配。正如所论证的那样，如果我们不给发展中国家的人更多的排放权份额，我们就无法实现这一目标。这是继承之利益的不平等，以及人们通过自己的排放行为可以获得的利益的不平等所导致的。②

虽然有关历史排放之规范意义的观点很重要，但笔者不会急于确定这种观点的确切含义。相反，笔者的目的是要说明历史排放（就其在过去和现在所提供的利益而言）的规范意义。然而，这些规范性的考虑实际上可能会证明关于剩余可允许排放预算分配之不同观点的合理性。如果是这样，那么理论的一致性似乎要求我们在分配排放预算时要考虑所有具有规范相关性的要求。

6.2　历史上形成的合法期望的规范意义

本节将反思这样一种论点：由于高排放国家在历史上形成的"合法期望"（legitimate expectation），它们理应得到更大份额的排放权。根据这一论点，历史上高排放国家所形成的期望——即允许其排放水平远远高于平均水平——不应归因于它们，而应归因于高度工业化国家内部排放水平的历史发展，这些高排放国家并不对这种历史发展负责。由于这些期望，如果要求历史上的高排放国家迅速且大幅度地减少其排放（尤其是达到净零排放），那么，它们将不得不比那些努力从较低的排放水平开始实现这一目标的国家承担更高的成本。因此，这种论点认为，这些较高的成本与公平分配排放活动的利益有关。

---

①　1850 年至 2014 年的总排放量（包括 LULUCF）为 20910 亿吨；18 岁以上的当代人造成的排放量（包括 LULUCF）为 7530 亿吨；1990 年体现在资本存量中的排放量为 627 亿吨。因此，当代人没有受益的历史排放量为 12753 亿吨，约占总排放量的 61%。

②　前述三种反对意见并不反对这两个将过去的排放考虑在内的理据，因为根据这些提议，历史排放的后果在分配上是相关的，这种相关性并不是基于对过去的不正义进行补偿的理念。赞成将这些历史排放的子集考虑在内的观点并不是基于这样的理据：这些排放造成了不当伤害，所以施害方（或那些从不当的有害行为中错误地获得利益的人）必须向那些（间接地）受到伤害的人提供补偿。前述三种反对意见反对这种思路，即反对基于补偿正义的观点来理解历史排放及其后果的规范意义（Meyer, 2013）。

期望可以被理解为对未来的某种类型的预测，其特点有三个：第一，期望在人们的生活计划和规划执行中起着重要作用。期望是行为主体在不同（长期）规划之间进行选择的背景理由的一部分。在本章的讨论中，笔者关注的是与行为主体能够负担得起的排放水平相关的期望，或者是与行为主体在执行其规划时可允许的排放水平相关的期望。对每一个长期规划的追求都涉及一定程度的排放（作为到目前为止不可避免的副产品）。如果某个潜在的长期规划与超过可允许的排放水平有关，那么行为主体就有理由怀疑完成这些规划的可能性。同样，人们在实施一个规划时都保有这样的期望——该规划所涉及的不可避免的排放水平是可允许的和可负担的，如果这一期望没有得到满足，人们很可能会受到伤害，因为可能不存在排放强度较低的替代方案，因此，他们将难以或不可能继续实施其规划。

第二，期望的实现或不实现，原则上是由人来控制的；期望是否被满足取决于人们的作为和不作为。人们对其未来可负担或可允许的排放水平的期望是否能够实现或受挫，这主要取决于未来政府的政策。

第三，下面的讨论预设了，所考察的期望在认知上是有效的；从最低限度的意义上来说，拥有这些期望的人也有充分的理由相信它们会被实现。例如，期望政府将公立学校教师的工资提高到法官和警察的三倍。显然在正常情况下，这种期望在认知上是无效的。如果这是一个教师的期望，我们会善意地把它定性为一厢情愿。

由于这些特点，人们的期望以及人们所采取的那些决定这些期望能否实现的行为都要接受规范性的评估。例如，人们是否拥有使其期望得到实现的有效要求权？其他人应该避免破坏这些期望吗？什么可以被视为"合法期望"？当人们的合法期望受挫时，他们可以提出什么要求？

以下两个例子可以说明合法期望和不合法期望之间的区别。第一个例子代表了一个直观的不合法期望：一个偷车贼，他期望能通过销赃获利。基于销赃获利的预期，他制订了许多购买计划；这些计划的流产将使他付出代价或受到伤害。假设警察在其销赃之前抓住了他，使其销赃获利计划流产而导致他的期望受挫，他当然会受到伤害，但凭借直觉，我们不会认为他有任何形式的索赔权利，或任何形式的有效投诉。在这一案例中，拥有某种期待的行为主体会因其期待得不到实现而受到伤害这一事实，并不能引申出这样的有效的规范性要求：该行为者不应受到这种伤害。

现在让我们考虑第二个例子。这个例子涉及基于信任和可靠性的合作。一段时间以来，两个室友 A 和 B 在周五一起吃饭，并且轮流准备晚餐。假设这个星期五轮到 A 准备晚餐。A 依靠她的期望，认为 B 会回来与她共进晚餐，但 B 并没有出现，A 感到很沮丧。由于期望受挫，A 的确受到了伤害。尽管 A 的期望受挫是相对不重要的，但人们通常会认为 B 欠她什么，至少欠一个解释，而且可能还欠一个道歉。这样一来，A 的期望在规范上就是重要的，因而也是合法的。如果它受挫，B 应该做出回应，而 A 也有理由抱怨她的期望受挫。

我们可以假设，第一个例子代表的是不合法期望，第二个例子代表的是合法期望（对于更复杂案例的理解，参见 Meyer、Sanklecha，2014）。此外，我们假设合法期望的含义之一是，其持有者有一个有效的具有规范性的主张，即在做出可能导致期望受挫的决定和行为时，要考虑到期望受挫可能造成的伤害。

没有争议的是，生活在人均排放处于高水平的国家的人们通常有着广泛的期望。如果我们想恰当地处理气候变化问题，他们的这些期望可能就会受挫。思考一下关于未来私人活动中可允许的个人排放水平的期望（例如，私人使用内燃机汽车导致的排放），对受训人员所学技能的未来需求的期望（例如，当他们被训练成汽车机械师，并且可以维护和修理内燃机时），关于未来长途飞行的可允许性和可负担性的期望（例如，如果人们在另一个大陆学习，但由于私人原因经常想飞回家），等等。此外，一般来说，这些人都会期望在未来也能够保持目前的生活方式。这是行为者选择和实施其长期计划和规划的背景的一部分，而这一人们选择和实施生活规划的能力是其美好生活的一个组成部分（Rawls，1999b：358-360；Williams，1973：116-117）。

之前的研究已经考查了这三个问题：基于继续从事相对高水平排放的活动而产生的期望是否合法，在什么条件下这些期望合法，以及这在规范和实践上意味着什么（Meyer、Sanklecha，2011；Meyer、Sanklecha，2014；Ortner et al.，2017）。然而，情况是复杂的。一方面，如果要把温度上升控制在 2℃ 或 1.5℃ 以下，全球排放量需要大幅减少。如果实施这些减排措施，今天排放水平特别高的人一般不可能继续保持其目前的排放水平。此外，对于公平的考虑似乎要求目前的高排放国家至少要承担部分减排的负担。简而言之，我们可以说，代际正义的考虑支持大幅减少全球排放这一要求，而国际分配正义的考虑支持这样的要求：这种向净零排放转型的负担主要由从事高排放活动的人承担。

此外，我们还要考虑以下情况。第一，期望受挫的行为者往往会受到伤害。在某些情况下，损害可能是巨大的，因为它可能导致行为者不得不放弃其已经投入大量资金（并且不仅仅是资金）的长期计划和规划。不幸的是，为了实现全球排放量在代际的公正减排，平均减排率必须达到很高的水平，而且要在很短的时间内完成。因此，高排放者的现状期望受挫以及他们生活方式的相关变化会产生很高的成本，而这些变化是将他们的排放量减少至净零排放的必要条件。为了论证此观点，我们还假设这些人转型的个人成本将高于那些从很低水平的个人排放活动开始转型的人。

第二，在许多情况下，很难让行为者对他们所制定或追求的期望、计划或规划负责。这是因为人们在制定长期计划和规划时，参照的是高排放国家通常的、现实的选择。如果这些期望符合某些条件，那么，我们至少可以认为其中一些是合法的。[①] 即使形成这些期望的历史进程在今天被认为是错误的，[②] 由这些进程所塑造的人也不需要对这些历史进程负责。这是因为，他们在出生前无法对这些活动产生影响，或者他们的抉择对这些进程及其发展和制度化的影响微不足道。

然而，一个期望是合法的这一事实并不意味着，无论出于什么理由它都必须受到保护。在气候变化的背景下，有重要的理由使高排放者继续产生远超平等分配的人均排放量的合法期望受挫。如上所述，保护高排放者的期望将不符合代际和国际正义的基本要求。全球的排放量必须大幅减少，而这种减少的 GCB 应该在各国之间公平分配。换句话说，高排放者的期望是合法的，这通常不应引申出任何比履行代际和国际正义的义务更有分量的规范要求。当然，认可一项要求（权）的分量较轻或从属于其他规范性主张——这并不意味着该要求（权）就应被忽视（或被正确地忽视）。相反，某些排放期望是合法的，不应该被忽视。

因此，本章提出的理解可以概括为：合法期望的受挫可以被认为是允许的，因为保护合法期望的理由必须与国际和代际正义的考虑相权衡。可以肯定的是，可允许的全球预算受到未来人对于当代人之权利要求（尤其是未来人们获得生活充分资料的权利）的限制（Meyer，2009a）。剩余预算的国际分配应反映人均平等原则。同时，在气候变化的背景下，合法期望的受挫引发了一个有效主张，即在对剩余可允许排放量在人们之间进行分配时，应考虑到这些负担。根据合法期望的论点，从公平的角度来看，必须考虑以下成本：当代人在适应与改变生活方面所需付出的实际的和期望的成本（来自历史上形成的合法期望的受挫），以及在生活规划无法继续的情况下所导致的损失。当高排放者所承担的与减排至净零排放有关的个人成本可以被证明（可能远远）高于平均水平时，那么这对于在人们的整个生命周期内公平分配排放活动的利益是很重要的，因此应该考虑到这一点。承担高于平均水平的成本可以证明在剩余可允许排放中占有更高的份额是

---

① 如果造成必要数量的排放并不是执行规划所必需的，或者如果此规划可以被另一个排放密集度较低的规划所取代，从而使行为者实现相同或非常相似的利益，那么继续产生高排放的期望是不被允许的。具体论证参见 Meyer、Sanklecha（2011，2014）。

② 这是因为发生这些历史过程的国家要对其在本国境内外的有害（长期）后果负责（Thompson，2017；Butt，2017）。

合理的。这样一来，合法期望的理据可以被用来证明某种形式的（高度有限的）祖父原则是合理的。①

6.3　两种论点是如何相似的

这两种论点——关于继承的净利益的论点和关于合法期望的论点——都是基于这样一种观点：我们应该关注历史排放活动的有益和有害影响（而不是排放本身）。在本章的以下部分，笔者将论证，根据逻辑一致性的要求，那些支持继承利益的论点，也应该支持合法期望的论点（反之亦然）。② 同时，这两种论点有着不同的规范意义。

这两种论点都具有相关的相似性。如上所述，如果涉及继承的利益，那么，我们在确定历史和过去排放中的不当行为时就会面临严重的困难。然而，分配正义要求，即使没有任何不当的伤害发生，我们也要对历史的和过去的排放所造成的高度不平等的后果作出回应。赞成将继承的利益考虑在内的论点的前提是，由于前代人的排放活动，人们可以被认为是处于不利地位或享有特权，这种不平等是不应得的（人们也不该对其负责）。因此，根据以结果为导向的平等原则，由此产生的分配是不公平或不公正的。因此，人们有义务重新分配相关社会益品，以实现公正的分配。

合法期望的受挫往往会带来伤害。放弃与合法期望有关的长期计划和规划，通常会造成巨大的伤害（从适应、替代和重要益品损失的成本来看）。但是，政府在实施向净零排放转型的公正制度的过程中，仍然允许——如果不是强制性的——挫败它们。然而，这种伤害在规范上仍然是相关的；由基于现状的合法期望受挫而造成的伤害是人们在向低排放社会转型时产生的净成本之一。这些伤害必须被纳入考虑。

我们可以看到，这两种论点都取决于这样的假设：历史排放活动的后果应该从分配正义的角度加以处理。它们也都基于这样的观点：至少就历史排放的某些后果而言，当代人不应该为其负责。具体来说，继承利益的论点认为，由于不平等的历史排放，当代人既不应该对他们所享受的净利益负责，也不应该得到这种利益。同样，关于合法期望的论点认为，当代人至少无须对他们因历史上的高额排放而形成的一些期望负责，因此，他们也不应该因这些期望受挫而受到伤害。

---

① 在这一节和下一节，笔者介绍了 Meyer 和 Sanklecha 的一些研究成果（2011，2014），但对其意义进行了重新解释。

② 在提出这一主张时，笔者假定两个论点的特定前提都是合理的，而且论点是结论性的。

总而言之，继承利益的论点和因合法期望受挫而受到伤害的论点都认为，过去排放活动的不平等的有益和有害后果，与分配正义的理由有关。但是，每一种论点所关注的东西都不一样。继承利益的论点关注过去的排放对当代人幸福所造成的不平等的积极影响，而合法期望的论点关注的则是，社会在从高排放制度转型为低排放制度时，人们基于现状的合法期望受挫而可能产生的不平等的有害影响。由于这两种论点都是基于相同的基本原理——分配正义要求消除不平等的、不应有的利益和负担——因而，逻辑一致性要求我们同时承认这两种论点的有效性。

6.4 这两种论点为什么具有不同的规范意义

人们可能会认为，高排放国家的合法排放期望可以证明增加它们在全球排放预算中的份额是合理的。例如，对高排放国家的排放水平采用临时性的祖父原则，可以将它们的与规范相关的成本考虑进来。这些排放水平将与在 2050 年之前转型为净零排放所采用的人均平等排放的方法相容。与其立即实施全球剩余排放预算的人均份额政策，不如将排放量特别高的国家中个人的合法期望视为按照"紧缩与趋同"的方法分配全球剩余排放预算的理由。这种方法根据不同的实际起始水平来降低排放水平，到 2050 年逐步过渡到相同的人均净零排放分配（对此方法意义的讨论见 Williges 等人的著作）。

正如笔者在本章开头所陈述的那样，各国在《巴黎协定》下的承诺在很大程度度上取决于其历史上达到的排放水平；高排放国家含蓄地要求自己享有祖父原则所允许的权利。然而，笔者将论证，从基于现状的合法期望出发的论点，不能支持在全球剩余可允许预算中增加份额的祖父原则。相反，基于现状的合法期望受挫所产生的超出平均水平的成本是以一种不同的方式对分配产生影响，即，它要求我们公平地分配向净零社会转型的成本。

首先需要指出的是，当基于现状的合法期望受挫时，要确定谁的成本高于平均水平是一个相当困难的实证问题。在短时间内将排放量从高位降到非常低的水平，其成本必然高于低排放国家在相同时间内达到相同水平所付出的成本，这一点似乎值得怀疑。事实上，对于排放远高于平均水平的国家来说，减少排放的成本实际上可能低于低排放国家在短期内减排至相同水平的成本。例如，由于（历史）排放与福利水平之间的正相关关系，排放水平远高于平均水平的国家更可能有能力实施适应措施，并且相应地在避免替代成本和损失方面有更多更好的选择。高排放国家因气候变化而造成的损失和损害往往较少，而且它们的适应成本也较低，因为那些尤其容易遭受气候变化影响且对福利的影响特别明显的经济部门（如农业）在其国民经济中所占比例较低。由于这些因素，排放高于平均水平的国家所付出的基础成本可能较低，因此其居民的平均减排成本会较低。

其次，即使排放远高于平均水平的国家的居民因为目前的合法期望受挫而面临特殊的、更高的成本，这也不应该影响全球排放预算的分配。毕竟，并不是所有的行为主体和所有的国家都对基于现状的不合理期望的塑造负有同等责任。高度工业化国家在塑造这些期望方面发挥了根本性的作用，并将继续这样做。国家对本国常见的生活方式有着重大影响。由于国家提倡的一些生活方式和长远规划（以牺牲其他方式为代价），可以说，第一，国家在广义上决定了公民选择其生活方式和长远规划的范围；第二，国家鼓励其公民塑造并持有这样一种期望，即他们在追求其长远规划（包括与之相关的排放水平）方面将继续得到支持（Rawls，2005：260，270；Meyer，2015：151 - 155）。

最后，最迟从1990年开始，各国就有责任追求向低碳社会的转型。这意味着，这些国家的居民要改变其对可允许排放水平的期望。然而，大多数高排放国家都没有这样做。各国有权力和能力推行这样的转型战略。各国可以采取措施，决定其居民如何减少排放，同时还能继续实现他们的生活规划。国家可以禁止某些类型的行为，并为改变行为设置激励。它可以影响与追求个人美好生活相关的减排成本——通过倡导排放强度较低的能源生产或出行（它们与大多数规划的实现有关）方式来降低转型的成本，或者通过补贴某些类型的规划，例如一种特定形式的农业。它可以投资基础设施，使活动的排放成本低于它们原本必要的成本，例如，创造便利和高效的公共交通。此外，国家也可以为私人活动的个人排放设定上限，从而进一步影响其居民对排放的期望。目前，大多数高排放国家并没有这样做，因此向其居民传达了这样的讯息：任何数量的个人排放都是被允许的。可以肯定的是，这影响了其公民所选择的规划和他们对未来排放的期望。

总而言之，有三个理由让排放远高于平均水平的国家承担从极高的排放水平减少到净零水平的成本。第一，从历史和因果关系上看，排放远高于平均水平的国家对这种高排放水平的形成负有很大责任。第二，国家本身能够采取权威和有效的措施来降低排放水平，而降低的方式要尽可能与其居民的生活方式和规划的延续保持一致。第三，出于代际和国际正义的考虑，排放远高于平均水平的国家在一定时期内有义务降低其排放水平。

同时，对于一些人来说，将排放减少到一个较低水平的成本将是特别高的，而他们之所以承担这些高成本，乃是基于某些他们对之不负有责任的原因。例如，他们可能正在实施一种高排放的生活谋划，这使得排放强度更低的可替代的生活谋划非常昂贵或难以获得。另外，国家实施的减排措施会对人们能否继续追求不同的生活谋划产生影响。这表明，国家在选择和推行其减排战略时应考虑到这种不平等的后果，并应设法避免个人因其目前的合法期望受挫而付出特别高的成本，同时避免为那些不平等或严重的负担提供补偿措施。然而，与此同时，排放远高于平均水平的国家所承担的特殊历史责任和因果责任以及它们履行代际和国际减排义务的长期责任，都说明不能通过分配给高排放国家更大份额的剩余排放权，以将其所谓的极高的减排成本强加给所有人。

虽然我们有充分的理由反对这种观点，即合法期望的论点可以证明历史上和目前的高排放国家应在剩余可允许的全球预算中分配到更大份额的合理性，但正如上文所论证的那样，继承利益的论点通常可以证明将（小得多的）较小份额分配给这些国家具有合理性。具体来说，低排放者通常从前代人的排放活动中继承了（少得多的）较少利益，同样也通过自己的排放行为实现了（少得多的）较少利益。因此，低排放国家应该分配到（多得多的）更多的排放权份额，以符合在当代人整个生命周期中公平分配与排放活动相关的利益的目标。

笔者对历史排放意义的分析表明，只有继承利益的论点（而不是合法期望的论点）与公平分配剩余可允许的全球排放预算有关。它要求我们减少（历史的和目前的）高排放国家的分配份额，增加给低排放国家的分配份额。在（隐含地）假设以祖父原则为基础的权利时，高排放国家的代表可能会错误地认为，他们的公民为减少到净零排放所付出的所谓特殊成本，可以证明高排放国家在全球预算中占有更高的份额是合理的，因此，这将抵消因为它们从过去的排放活动中继承了更多利益而需要减少其在全球剩余碳预算中之份额的要求。然而，正如本节和前两节所论述的那样，对一些高排放者因合法期望受挫而产生的特殊成本的正确理解，最多只能证明国家内部净零转型政策之可行的公平标准的合理性。

6.5　可行性关切

目前为止，笔者对历史排放意义的分析并没有削弱对高度工业化国家在减排方面的要求。相反，它——通过表明高排放国家从历史的排放中继承和实现的利益高于平均水平，因而它们在全球碳排放预算中的份额将减少——强化了这些要求。当然，笔者所提出的论点只考虑了部分历史排放的意义。具体来说，笔者提出的建议不考虑1990年以前的所有排放，这些排放对当代人和未来人的幸福没有产生不平等的影响，因为它们与在当代人和未来人之间公平分配排放活动的利益无关。然而，如果一个公正的气候政策按照上述理据（即传统的高排放国家有较少的排放权，而传统的低排放国家有较多的排放权）来分配排放权，那么我们可能会想，是否采用这样的政策以及其在多大程度上是可行的。笔者将论证可行性的历时性动态观点，根据这一观点，行为主体（如果致力于此）能够及时克服（所谓软性的）可行性方面的约束，包括高排放国家所遇到的在限制其减排能力方面的约束。

代际正义关于限制全球碳排放的要求与确保全球平均温度上升不高于2℃的目标一致。因此，就如何分配由此产生的全球碳预算达成一项有效的国际协议是非常紧迫的。如果不这样做，温度会上升更多，继而会产生严重的气候变化风险，这将严重损害非常多未来世代人们的根本利益并且侵犯其基本权利。为了防止这种情况发生，协议必须以在2050年前将全球排放量降至净零为目标。同时，一个有效的国际协议还必须确定全球剩余排放预算在各国之间的分配。根据Williges等人的观点，以笔者所主张的两种方式考虑历史排放，这是出于分配正义的考虑，这两种方式都会导致高度工业化国家的国家碳预算份额减少。但是，这两种考虑历史排放的方式都不能以规范性的理由加以批评。相反，它们只能被批评为不具有可行性。

高度工业化国家倾向于采用紧缩与趋同（CAC）的方法。根据CAC，每个国家从其当前人均排放的平均水平开始，到未来某个时间点，即2050年，向未来全球共同的人均排放水平靠拢。CAC隐含着一种强烈的祖父原则：即当前的排放水平越高，GCB的份额就越高。CAC将这些不平等的水平作为各个国家分配GCB的基线。但CAC没有考虑到历史的排放。因此，高度工业化国家在向低碳社会转型的阶段将拥有更多的排放权，它们在实施转型方面也将有更多的选择且付出更少的成本。

根据另一种人均平等（EPC）的方法，GCB的分配方式应该是，从现在到2050年，所有国家的人均排放量相等。EPC并不隐含一种祖父原则，也不认为目前的排放水平是理所当然的，或将目前达到的排放水平作为分配GCB的相关条件。EPC反映了从现在起在人与人之间对剩余可允许碳排放进行平等分配的观点。然而，人们对EPC和CAC的简单理解都忽略了过去。两者都没有考虑到过去排放或1990年之前排放的后果。

下面笔者将区分对GCB分配的六种理解：简单的（历史盲目的）CAC和EPC以及对CAC和EPC的有限理解。笔者将把那些考虑1990年之后排放的观点称为对历史保持有限敏感（limited historically sensitive）的CAC和EPC；同样，笔者将把那些同时考虑1990年之后排放和继承利益的观点称为对历史充分敏感（full historically sensitive）的CAC和EPC。正如本章前几节所论证的那样，对历史充分敏感的EPC（其具体解释）是合理的，且在道德上优于分配的其他五种理解。[1]

---

[1] 上面笔者已经论证CAC所依赖的祖父原则是不合理的，并且对合法期望的考虑也无法证明在国家之间分配GCB时采用祖父原则具有合理性。

　　然而（有趣的是），Williges 等人表明，一个对历史充分敏感的 CAC 方法与简单的（历史盲目的）EPC 分配相似。

　　回顾一下，把历史的排放纳入公平的历史责任中加以考虑的第一种方式是，将排放责任归属于 1990 年以后的排放者。这就要求我们把 1990 年作为向净零紧缩点趋同的时间起点。把历史的排放纳入公平的历史责任中来加以考虑的第二种方式是，把继承的利益考虑进来。作为继承利益论的代表，Williges 等人提议对 1990 年可用的基础设施所体现的碳排放进行评估。这些资本存量排放（capital stock emissions）被添加到了初始的 GCB 中。然后，将这个较大的预算分配给各国，同时减去各国的资本存量所体现的排放量。以这种方式，我们就可以根据当代人和未来人应当从排放活动中获得平等利益的原则，解释那些被认为是无过失的过去排放（这些排放是行为主体在对其不利后果具有无可指责的无知的情况下所造成的）所造成的不平等影响。以这两种方式所理解的历史的排放量被证明是如此之高，以至于它们说明了由简单的 CAC 和 EPC 方法所建议的国际分配之间的大部分差异。因此，如果以这两种方式对历史排放的后果进行限制，那么，CAC 方法导致的全球剩余碳预算的分配与（历史盲目的）EPC 方法所确定的分配就非常相似。

　　根据笔者对历史排放规范意义的分析，我们应该拒绝简单的 CAC 方法，因为它显然是不合理、不公平的，因为没有理由把当前的排放水平视为理所当然，并使其与全球剩余碳预算的分配联系起来。通过考虑历史排放来限定该方法，大幅度减少了紧缩与趋同方法中值得怀疑的祖父原则特性。对历史充分敏感的 CAC 方法显然在道德上优于简单的 CAC 方法。当然，对历史充分敏感的 CAC 方法可能会被批评为不具有可行性。然而，如果由此产生的分配结果是可行的——尤其是对于高度工业化国家来说——那么，就有充分的理由支持实施对历史充分敏感的 CAC 方法。

　　CAC 方法也可以被理解为具有有限的历史敏感性。其他学者也主张只考虑 1990 年以来的排放量（Kenehan，2017：207 – 212）。1990 年以来的排放量约占据了 1850 年至今所有排放量的 38%。[①] 有两个理由似乎支持采用对历史保持有限敏感的 CAC 方法：第一，考虑继承利益会引起特定的规范性异议，因为计算继承利益的观点会引起与大多数前代人排放活动有关的合法性证明问题。在 6.1 节"从排放活动中获取利益的规范意义"中，笔者认为，从分配正义的角度考虑继承利益，可以证明不受这种反对意见的影响。然而，笔者想承认第二个理

---

　　① 同样，1990 年至 2014 年的排放量（包括 LULUCF）为 7913 亿吨；1850 年至今的排放量（包括 LULUCF）为 20910 亿吨。因此，1990 年至 2014 年的排放量占总排放量的比例约为 38%（Gütschow，2016）。

由：把继承利益考虑进来确实会引起相对困难的操作问题。建议用资本存量替代过去的排放活动所带来的继承利益，这也会遭到反对，例如，反对意见会认为，所继承的基础设施在实现减排方面实际上可能是一种负担。总之，虽然人们普遍认为 1990 年以来的排放责任是合理的，而且可操作性强，但是，关于继承利益的历史责任的合理性，人们却没有达成共识，其操作也更为困难。

如果同时考虑 1990 年以后的排放和 1990 年以前排放活动的继承利益，那么，这将减少高度工业化国家的碳预算；但是，如果只考虑前者，即 1990 年以后的排放，那么，在分配剩余 GCB 时，高度工业化国家将分配到更多份额。因此，对历史保持有限敏感的 CAC 方法可能导致高度工业化国家的 GCB 分配相较于对历史充分敏感的 CAC 方法更为可行（Kenehan，2017：204 - 206）。然而，对历史保持有限敏感的 CAC 保留了一些强烈的祖父原则特性，因此，该方法有可能被指控为不合理的歧视，偏袒气候变化的不当受益者。通过考虑继承利益来限定 CAC 是很有道理的，这样做将进一步减少 CAC 方法中不合理的祖父原则的力度，并从发展中国家的角度提高 CAC 方法的可接受性。

一般来说，发展中国家倾向于 EPC 的方法。因此，对历史充分敏感的 CAC 方法［如前所述，就全球碳预算在各国之间的分配而言，这可能与简单的（历史盲目的）EPC 方法基本相同］显然更合理，更具可接受性，对于发展中国家来说也更为可行。出于合理性的考虑，我们的目标应该是实现一个同时反映了考虑历史排放的这两种方式的协议。

与对历史保持有限敏感的 CAC 方法相比，对历史充分敏感的 CAC 方法在今天看来可能不太可行。这种比较依赖于对高排放国家谈判能力的评估，并假定它们将利用自己的力量来推动对它们来说负担较轻的分配，同时，这也不太公正。然而，正如 Brennan 和 Sayre-McCord 所认为的那样："一种选择（……）在规范意义上比另一种更好，这样的事实构成了一个考虑因素，可能使实现该目标的可能性（鉴于其中所涉及的牺牲）比其他方式更大。如果人们关心正义，并且相信该选择更为公正，那么这些人至少会更愿意做出牺牲，为该选择投下选票，并以其他方式改变自己的行为，从而可能使该选择可行。"（Brennan、Sayre-McCord，2016：442）因此，基于 6.1 节"从排放活动中获取利益的规范意义"所提出的理据，我们有充分的理由去努力改变这样一些可行性约束——那些阻碍我们把继承的利益考虑进来的约束。

本章和 Williges 等人的文章都表明，如果不考虑可行性问题，那么，从规范的角度看，对历史充分敏感的 EPC 方法是最合理的。由此产生的分配是最公平和最合理的。然而，在当前条件下，这样的分配对于高度工业化国家来说很可能是不可行的。可以说，在短期内，即在当前条件下，对剩余碳预算的这种分配是不可行的。然而，如果能够克服相关的（所谓软性的）约束，那么，它的动态可行性程度就会越来越高（Gilabert、Lawford-Smith，2012：814 – 816；Lawford-Smith，2013：252 – 256；Jewell、Cherp，2020：6 – 8）。

这种分配的可行性，以及由此带来的各国的平均减排率，可能会提高。可行的减排率取决于可以改变的文化、技术和制度约束。如果人们能以一种比迄今为止所假设的排放强度更低的方式来实现福利，或者人们能够改变他们的生活方式，使他们需要更少的排放来实现（拥有新含义的）幸福，那么，就有可能实现更大的减排量。如上所述，人们的规范性信念，即他们应该支持这种变化的信念，会使这些变化更为可行。

就技术制约而言，如果可再生能源的份额的增长速度超过预期，这将降低排放的强度，并且，如果碳储存技术的应用范围能够比目前所假设的范围更大，那么，各国的排放预算也可能会增加。同样，如果对排放权的有效分配（通过可交易排放权的全球市场）能够实现制度化（这一过程目前面临着制度上的限制），那么，高度工业化国家很可能会购买排放许可，这样他们在减排方面所遇到的压力就不会有看上去的那么大。

总而言之——认真考虑合理性和可行性——政策制定者应致力于达成一项国际协议，根据 EPC 方法或者对历史充分敏感的 CAC 方法来分配 GCB，同时还要考虑到 1990 年之后的排放，又或者最好同时考虑到 1990 年之后的排放和继承的利益。后一种方法（即对历史充分敏感的 CAC 方法）对全球碳预算在各国之间的分配，与历史盲目的 EPC 方法所规定的分配相似。出于不同的原因，各国可以考虑这两种方法中的任何一种，即 EPC 方法和对历史充分敏感的 CAC 方法，这在目前的可行性条件下是可取而且合理的。

这相当于建议，基于可行性的理由，我们应暂时改变历史责任在分配中的权重（即把考虑历史排放的两种方式看作是对 CAC 方法，而非 EPC 方法的限定）。这样一来，人们就会接受（出于可行性的考虑），高度工业化国家在全球预算中的份额比最理想的正义所要求的份额更高。然而，考虑到可行性关切的历时性动态特征（Gilabert，2012：47 – 52），这种分配并没有解决所有的问题。

通过对可行性的动态理解，国际协议应责成所有国家努力克服相关的约束因素，使对历史敏感的 EPC 方法变得可行。高排放国家应该有义务推行一些政策，这些政策旨在改变目前限制其减排能力的文化、技术和制度方面的约束因素。它们的努力应受到监督，克服约束因素所取得的成功应作为协议的一部分定期加以审查。如果向净零排放的转型成功，这可能允许在使用 EPC 方法的情况下逐步考虑历史排放，直到我们实现这样一种全球预算的分配，即该分配能够反映对历史充分敏感的 EPC 方法所规定的内容。

除非高排放国家认真承诺克服约束因素，使他们能够接受将历史排放纳入考虑这一更严格的选择（即使得这些具有道德要求的选择对他们来说是可行的），否则高排放国家可以被理解为是在追求一种勒索战略（Gardiner，2016：90－99）：各国都希望就保持上升温度远低于某一临界点（例如，"远低于2摄氏度"）的全球战略达成一致，然而，高排放国家在实施反映其历史责任的严格减排率方面拖得越久，急需的全球排放预算限制就越不可行（除非其他国家愿意承担不公平的减排负担）。①

在这里，我们面临一个反向的激励问题（Meyer、Waligore，2018：230）：高排放国有动机继续不去履行其相关历史排放的责任，因为这似乎很可能会导致这样一种情况的出现，即其他国家最终会接受避免危险气候变化的成本分配，而这种分配不要求高排放国家承担任何历史责任，甚至不要求它们承担合理范围内的责任［这种策略显然是韦斯巴赫所推荐的（Weisbach，2016：226）］。那些将因这种分配结果而受到不当伤害的人（因为他们的排放预算被不必要地且不公平地减少）有充分的理由反对这样的分配方案。在就全球碳预算分配的国际协议进行谈判时，他们应该理所当然地坚持一个观点，即高排放国家作出可信的承诺，以克服它们目前在大幅减少排放方面所面临的可行性约束，并以此为基础，逐步实现更公正的分配。

结　语

从分配正义的角度来看，如果人们能证明，有些人在分配上受到了不平等的影响，而且这些人不该遭受这种不平等，那么，历史的排放活动的后果就有着很强的规范意义。在这种情况下，这些后果可以用来证明，消除这些差异的措施是合理的。这些不平等后果的规范意义可能会有所不同，这取决于我们分析的是哪种后果。在本章中，笔者研究了这些后果中的两个子集；国家代表声称（含蓄地和明确地），这两类后果都与全球剩余可允许排放权的分配有关。笔者的分析表

---

① Broome认为，出于紧迫性和可行性的考虑，人们应该选择他所说的"无须牺牲的效率"的战略。同时，他认为实施这一战略是政治上审慎的第一步，以追求他所认为的正义所需的（而且可以被证明是同样高效的）高排放国家做出牺牲的战略（Broome，2012：47－48）。然而，如果实施"无须牺牲的效率"的战略，那么，就需要高排放国家做出更多的牺牲，才能从当前的状态过渡到公正解决问题的状态。正如Brennan和Sayre-McCord所认为的，实施Broome的"无须牺牲的效率"战略将使对（由防止危险气候变化所产生的）负担的公正分配变得不太可行（Brennan、Sayre-McCord，2016：441）。如果是这样，那么追求这一战略就不能被认为是实现公正解决方案的政治上谨慎的第一步。

明，这对一类后果来说是对的，但对另一类后果来说则不是。

人们从 1990 年以来的历史排放行为中所获得的好处是不平等的，当代人和未来人所享受的前代人在 1990 年以前的排放活动中产生的不平等的继承利益，这些都与剩余全球排放权的公平分配有关（参见 6.1 节"从排放活动中获取利益的规范意义"）。之所以如此，是因为从分配正义的角度来看（例如，根据排放活动的人均利益分配原则），以排放为副产品的活动所带来的利益，人们应该在整个生命周期中都能够分享到。鉴于已经实现的利益数量有很大的不同——通过我们自己的和过去人们的排放活动——剩余的全球排放预算中，较大部分将被分配给那些已经或将要获得较少利益的人。这是一个世界主义或国际正义的问题。

历史上的排放活动还产生了其他后果，其中包括高排放者的基于现状的期望。出于代际正义的理由，这些期望中的许多或大部分的受挫将是必要的。笔者认为，考虑这些期望受挫的成本并为其提供补偿措施，这是国内分配正义的问题，而不是国际正义的问题。这是一个实证问题，并且至少值得怀疑的是，排放远高于平均水平的高度工业化国家在向 2050 年净零排放转型时是否有特殊的、极高的成本？无论如何，目前排放水平很高的国家之居民的现状期望，是在其政府决策的长期影响下形成的。由于历史的和当前的高排放水平，高度工业化国家为其社会中高强度排放的典型生活方式和选择创立了制度框架。公民个人从一系列的生活方式和选项中进行选择，而他们自己并不能左右这些生活方式和选择的影响。公民个人的基于现状的期望就是在这种背景下形成的，并且，在某种意义上，这些公民持有这样的期望是无可指责的。另外，由于其基于现状的合法期望受挫，人们可能会因快速减排到净零排放而承受很高的和不同的成本（适应、替代和损失）。

当代人既不应该得到他们因不平等的历史排放而享有的净利益，也不应该因历史上形成的无可指责的期望受挫而受到伤害。改变期望的成本在公民中如何得到分配，至少取决于国家对转型战略的选择和实施。排放远高于平均水平的国家在很长一段时间内有义务降低其排放水平，这些国家本身能够采取权威和有效的措施来降低排放水平，而减排的方式应尽可能符合居民的生活方式和对未来的规划。从分配正义的角度来看，如果人们为生活转型所付出的成本必然是不平等的，那么，这些成本就应得到公平的分配。这是国内正义在净零排放的经济和社会转型期提出的要求。

这种理解历史排放后果之不同规范意义的方式，意味着，由于其公民的现状期望和他们在减排方面可能产生的特殊成本，高排放国家可能无法要求在剩余可允许的全球排放预算中获得更高的份额。相反，将历史排放纳入考虑的这两种合理方式将减少分配给高排放国家的公平份额。可以说，依据这种理解，一项要求高排放国家将排放保持在其公平份额之内的国际协议目前来说是不可行的。

然而，鉴于以两种特定方式来考虑历史责任是完全合理的，并且，考虑历史责任的这两种方式符合国际公平，因而，我们应该对可行性采取一种历时性动态的观点。克服（所谓软性的）可行性约束以及影响高排放国家减排能力的某些约束因素是有可能的。① 高排放国家应该真诚地承诺它们将克服这些约束因素，从而致力于一个转型过程，该过程会使他们越来越认识到对他们的历史责任予以合理考虑的重要性。从发展中国家的角度来看，这不仅是一个正义问题——任何在道德上可接受的国际协议都要求，所有国家都要为把全球排放预算保持在代际公平的限度内作出贡献。而且，从发展中国家的角度来看，这也是一个可行性问题：由于高排放国家不公平地拒绝承担其历史责任，发展中国家的排放预算就不必要且不公平地减少——这样一种协议是不可接受的。至少，我们很难看出，发展中国家的政府如何能够向其公民公开地证明它们参与这样一种协议的合法性。

---

① 例如，欧盟委员会在《欧洲绿色协议》（2019 年）中不仅承诺欧盟"在 2050 年实现温室气体净零排放"，而且还承诺："2020 年夏天之前，委员会将提出一个影响评估计划，以负责任的方式提升欧盟 2030 年的温室气体减排目标，即争取比 1990 年的排放水平降低至少50%，力争55%。为了实现温室气体减排的这些额外目标，在 2021 年 6 月之前，委员会还将审查并提议在必要时修订所有与气候有关的政策工具。"

第 7 章

合法期望：评估向低碳社会转型的政策

7.1 导 言

人们普遍认为，为了使未来的人们有较好的机会满足其基本需求，与工业化之前相比，全球变暖的温度应该被限制在远低于 2℃（或 1.5℃）的水平。超出这个限制将会造成灾难性的后果。《巴黎协定》旨在敦促各国实现这一目标。[①]所有发达国家都签署了《巴黎协定》，并且承诺向低碳和碳中和社会转型。然而，这种变化并非没有代价。它将对公民的生活方式产生实质性的影响，而且可能会出现这样的情况：为了建立一个低碳社会，将不得不牺牲一些基于当前某些条件作出的谋划和长期计划。因此，国际气候变化专门委员会强调："与 1.5℃相一致的路径假定了行为上的重要变化。"（IPCC，2018：362）正如 Gough 所表达的，"现在——尤其是在全球北部——所需要的极快速的气候减缓，将打乱生活中每个领域内理所当然的经济和社会实践"（Gough，2017：113）。

尽管一些学者强调，在实施旨在实现低碳或碳中和社会的政策时，要着重考虑基于正义的因素（Hyams，2009；Broome，2012：ch. 5；Vanderheiden，2016：14–21；Gough，2017：part 2；Moss、Kath，2018），但在描绘实现这一目标的不同途径时，几乎没有人注意到合法期望的意义。[②] 现在考虑一下出行问题。许多人在构建他们的生活时基于这样一种假设，即他们被允许驾驶化石燃料驱动的私家车去工作。这些人很可能会期望在随后的几年里继续这样做。然而，除非鼓励不使用化石燃料汽车，或者通过提高使用成本来禁止他们使用化石燃料汽车，否则我们很可能无法实现低碳社会的目标。正如 IPCC 近期所断言的那样，即使更大的缓解潜力来自运输活动的结构性变化，"它主要是将乘客和货物从效率较低

---

① 这一点在 2015 年《联合国气候变化框架公约》（UNFCCC，2015c）通过的《巴黎协定》第 2.1（a）条中有明确规定。

② Meyer（2021），Meyer、Sanklecha（2011，2014）以及 Green（2020）除外。

的旅行方式转为效率较高的旅行方式（例如，从汽车、卡车和飞机转向公共汽车和火车），这是主要的策略"（IPCC，2018：142）。因此，如果通过某个国家的干预来实现出行方式的某种改变，那么该国的公民对使用化石燃料汽车的一些现状期望似乎就会受挫。此外，如果这些期望被证明是合法的，那么它们的受挫就可能是个问题。道德上的考虑可能会限制那些为了实现低碳社会而可能推行的政策之范围。

笔者将在本章指出，合法期望（Legitimate expectation，LE）应该在转型过程中得到考虑。第一，笔者将说明，如果某些期望满足认识论和正义的相关标准，那么这些期望就是合法的。第二，笔者举例说明了在转型过程中如何确定合法期望的问题。第三，本章将表明，并非所有的合法期望都具备同等的规范性价值。尤其是，一些期望的受挫破坏了人们的谋划能力，侵犯了人们的基本道德权利，或者使期望的持有者付出极大的代价。这些期望可能会证明，偏离正义的基线以有利于期望的持有者——这具有合理性。第四，笔者认为，为了使合法期望可能的受挫最小化，告知人们他们在未来将不得不为了实现低碳社会而调整生活计划十分重要。第五，本章认为，在转型过程中需要使一些合法期望受挫时，必须提供赔偿。尤其是，本章区分了三种赔偿形式："手段替代"（means-replacing compensation），"目的替代"（ends-displacing compensation）和"象征性赔偿"（symbolic compensation）。正如本章所表明的，这些区分有助于证明优先性规则的合理性，以决定向低碳或碳中和社会转型时，谁的期望将得到保护，谁的期望可能不得不受挫。

7.2 期望：如何辨别它们是否合法

期望是一种特殊的预测。想象一下，A 和 B 是室友，他们喜欢在周五共同享用晚餐。很长一段时间内，他们轮流准备周五的晚餐。上个周五，B 准备了晚餐，A 计划准备本周五的晚餐。不巧的是，这次 B 没有出现（Meyer、Sanklecha，2014：370）。这个小故事有助于我们确定期望的一些相关特征。首先，在人们计划和执行他们的谋划时，期望具有重要作用。事实上，它们是一种关于未来的特定类型的信念，是选择行动理由的背景的一部分。在这个例子中，A 准备本周五晚餐的计划部分是基于 B 将会出现的期望。其次，原则上，期望是否实现是由人控制的。A 在周五与朋友共进晚餐之期望的实现（部分地）取决于 B 是否出现。最后，当其中一方使另一方的期望受挫，后者通常受到伤害。如果 B 不出现，那么 B 就伤害了 A（Meyer、Sanklecha，2014：370）。

然而，并非所有期望都是合法的。只有那些具有"认知"有效性和"基于正义"的期望才是合法的。例如，如果一个人毫无依据地相信他/她会中彩票，他/她的期望并不具备认知有效性并且是不合理的。"认知有效性"要求，我们要有充分的理由相信一个期望将在未来被实现。在之前这个例子中，考虑到 A 和 B 每周共进晚餐的惯例，A 有充分的理由认为 B 将会在本周五她准备晚餐时出现。这种情况下，A 的期望具有认知有效性主要是基于"行为模式"的预设（Meyer、Sanklecha，2011：454）。也就是说，B 在过去以某种方式行事的事实，似乎让 A 认为，如果情况没有发生改变，B 在不久的将来也会有类似的行为。在这些条件下，A 的期望具有认知有效性。①

认知有效性还存在着第二个来源。有时候人们认为一种期望不会受挫，因为那些能够控制这种期望实现的人"传递"出"这些期望能够实现"的讯息。例如，一对没有子女的热恋中的情侣，虽然他们并不住在一起，但这对情侣中的一人告诉对方，他们的人生计划将包括结婚和生孩子，对方可能会根据这种期望开始制订双方的人生计划。在这种情况下，该期望的认知有效性并不完全取决于过去的行为在未来是否可能会重现，而主要取决于与另一个人的交流、行为。

总之，期望之所以具备认知的有效性，要么是因为，过去的一些行为或情况（人们的期望就是在这种情况下形成的）让人们有理由相信未来会与过去相似；要么是因为，那些有权力挫败他人合法期望的人宣称人们的期望不会受挫。在第一种情况下，认知的有效性主要来自"行为"；在第二种情况下，认知的有效性主要来自"交流"。

为了具备规范性意义，期望也应该具有"基于正义"的有效性。例如，设想一下，一个人期望以超出法定时速数公里的速度行驶，而不用担心法律后果，这个人可能有充分的理由认为他/她的期望会得到实现，因为在他/她居住的国家，没有足够的雷达或警察来监测轻微的超速行为。然而，如果有几个交通执法人员抓到此人超速行驶，期望的受挫肯定会给他/她带来伤害。不过，此人的抱怨是无效的，因此，在这种情况下，他/她对于超速行驶的期望不可能是合法的，即使该期望在认知上是有效的（Applbaum，2019：56－59）。

一种期望要具有合法性，它就必须与正义具有恰当的联系。作为一个合理的讨论起点，我们可以断言，如果期望是正当的，那它就是合法的；否则它就是不合法的（Buchanan，1975；Meyer、Sanklecha，2014：377）。考虑一下生活在高度发达国家的人们以及他们对于未来温室气体（Greenhouse Gas，GHG）排放的期望。这样看来，如果对于未来个体排放水平的期望具有认知有效性，且符合国

---

① 该期望的有效性不仅反映了室友之间过去互动的规律性，而且还经常得到以下事实的支持："该事态或行为的规律性与社会实践的内部规范相符，在相应的时间内，相关主体都是社会实践的共同参与者。"（Green，2020：402）

际和国内层面上代际和代际内分配正义的标准，该期望就应该被视为合法的。代际正义的分配要求与确定我们这代人有权排放的剩余可允许排放量的总限额是相关的。对于国际正义的考虑解释了这些剩余可允许排放量应如何在各国之间分配。最后，国内的分配正义问题与这些剩余可允许排放量应如何在各国内部分配有关。

假设一个高度发达的国家，根据国际分配正义的一些标准（你所偏好的标准），该国的排放量在相当长的时期内超过了其年度温室气体排放的分配份额。由于该国的排放量超出了它每年的公平份额，国际正义要求它减少排放。否则，目前的全球人口无法公平地履行其代际正义的集体义务。该国的减排可能意味着其居民不得不调整他们的排放，以适应新的国内碳预算。然而，许多生活在高度工业化国家的人们可能期望继续从事某些私人活动，如使用带有内燃机的汽车或乘坐经济实惠的长途航班。他们可能同样期望能够继续生活在因气候变化而面临极端天气的风险地区。这些人期望特定的生活方式将在未来继续向他们开放，即他们将在未来保持和继续追求这些生活方式（Meyer，2021）。我们如何能够确定这些（有可能受挫的）期望中哪些是正当的以及哪些是不正当的呢？

三种基于正义的考虑限制了具备认知有效性的期望的合法性范围。① 首先，根据所谓的"普遍性约束"（universal constraint），如果一个人在某些条件下形成了一种期望，为了使这种期望合法，此人应该允许其他处于类似情况下的人们根据同样的期望采取行动（Meyer、Sanklecha，2014：385）。显然，如果由于一个人生活在某一条件 X 下，因而其期望被认为是合法的，那么对于生活在条件 X 之下的其他人来说，该期望也应被认为是合法的。因此，只要一个人认为某个特定的期望对他/她来说是合法的，但对相同情况下的其他人来说是不合法的，这就违反了"普遍性约束"。

其次，根据所谓的"一致性约束"（consistency constraint），为了使一个期望合法化，其实现必须与人们关于正义的一般观点一致。对这一约束解释如下：想象一下，一个人认为他/她有义务不去侵犯未来人的基本权利。假设满足这些权利的可能性要求此人能够排放一定数量的温室气体。对于这个人来说，一致性要求他/她同样认为必须允许他/她的同代人至少排放同样多的温室气体，因为这对保护此人的基本权利来说是必要的（Meyer、Sanklecha，2014：385 - 386）。如果这个人所期望的排放量过多使得他/她的同代人和未来人无法保护其基本权利，

---

① 这些考虑源于"复杂的正义观"（Meyer、Sanklecha，2014：383）。在其他理论中，期望的合法性并不主要取决于基于正义的考虑。根据 Brown 的责任理论，"一个期望可以是合法的，即使它涉及非法行政主体或机构的非法（越权）行动或不作为，只要该主体或机构在被赋予或承担了相关政策和措施的角色、责任、权限或自由裁量权之后，负责创造了该期望"（Brown，2017：446）。

这种期望就应该被认为是不合法的。

第三种约束可以被视为是对前一种约束的补充，因为并非所有符合"一致性约束"的期望——其实现符合人们关于正义的一般观点——都是合法的。想象一下，一个人的正义观要求他尽可能地多杀人。即使他的所有期望都符合这样的原则，我们也无法将其期望评估为合法的。某个特定期望要具有合法性，它就必须符合批判性道德的原则，①并且保持在关于什么期望可以是合法的合理分歧的范围内。基于我们所说的"合理性约束"，某种期望要具有合法性，它的实现就必须与合理的道德正义原则一致。这种限制的意义在于，将合法期望的范围限制在那些与普遍认同的道德原则一致的范围内（Meyer、Sanklecha，2011：457－458）。

7.3 在转型过程中确定合法期望

到目前为止，我们认为，尽管期望的受挫对于期望的持有者来说通常是有害的，但并非所有期望都具有道德意义。只有那些具备认知有效性（行为的或交流的）并且与"正义"（普遍性、一致性以及合理性）的考虑具有适当联系的期望才具有道德规范性。然而，我们仍需解释这些考虑与道德上具有公平性的转型过程如何相关。"转型正义"（transitional justice）这一术语通常"指的是一个学术研究以及政治实践的领域，该领域关注冲突和大规模侵犯公民权利的后果"（Eisikovits，2014：Sec. 1）。然而，"转型正义"也可以被理解为对于正义的两个维度——理想的和保守的——的调和。第一个维度为改变实践和制度提供了理由，而第二个维度则要求保护现有实践中产生的合法期望（Miller，2021：Sec. 2. 1）。本章将在第二个维度的语境中展开讨论。基于此，转型正义问题转化为另一个问题，即如何使得向低碳或碳中和社会转型的目标与对现状的合法期望进行适当的规范性考量保持一致。

以下例子有助于说明正义的这两个维度是如何相关的。思考一下奥地利这类国家的出行问题。假设奥地利政府计划在不久的将来实施两项政策：①停止买卖和登记新的化石燃料汽车；②禁止使用现有的汽车。这些政策促进了正义的理想维度，因为它们旨在降低排放水平，以实现低碳社会。然而，正义的保守维度也发挥着作用，因为这些政策极有可能影响许多人的期望。例如，目前拥有化石燃料汽车的车主和那些计划购买新车的人可能会发现，他们按照自己意愿使用汽车

---

① 像哈特那样，我们区分了批判性道德和积极道德。积极道德是"一个特定社会群体实际上接受和分享的道德"（Hart，1968：20）。相比之下，批判性道德指的是"用于批判实际社会制度的一般原则（包括积极道德）"（Hart，1968：20）。

的期望将受挫。然而，并不是所有可能受挫的期望都具有规范性，只有那些合法的期望才具有规范性。

根据 2019/2020 年在格拉茨大学进行的一项实证研究，我们发现，11.4% 的受访者期望在不久的将来继续使用他们的化石燃料汽车。尤其是，他们期望在大部分日常活动中自己不必从内燃机汽车转向其他交通工具，如非机动车、电动车或者公共交通工具。① 然而，我们发现，有些人期望这些交通方式在社会层面发生更大的改变。例如，在那些不愿意改乘公共交通工具的人中，有 17% 的人期望在社会行为上有较大的转变。同样地，在不想改用非机动车和电动车的人中，分别有 13% 和 10% 的人期望其他人在不久的将来也这样做。根据以上情况，如果受访者考虑到其他人生活在与他们相同的环境中，并且认为整个社会必须做出这样的改变，② 那么，他们继续使用化石燃料汽车的期望就会违反"普遍化"约束。他们认为，他们所拥有的特定期望具有规范意义，而在相同的情况下，类似的期望对其他人却没有这种规范意义。因此，他们对在不久的将来能够选择自己喜欢的交通方式的期望不具有合法性。

尽管如此，对于那些不把自己的行为视为例外的人来说，如果他们继续使用化石燃料汽车的期望符合一致性和合理性两个条件，那么该期望在道德上就可能是合法的。关于"一致性"，假设一个人相信所有人都应该有一个最低水平的福祉，可能的情况是，一些期望继续使用化石燃料汽车的人会认为，这种使用有助于他们达到这样的最低水平，而且这样做并不妨碍其他人（包括未来人）达到同样的福祉水平。在某些情况下，这种观点也能通过"合理性"标准的检验。即使生活的环境存在差异，人们的这种想法也能通过"合理性"标准的检测。例如，生活在乡村地区的人们，他们只能通过驾车前往市中心的工作地点，他们可能会期望继续以这种方式通勤，但也合理地认为城市居民可以乘坐公共交通工具去上班。

7.4 合法期望的规范意义：正义之实质性基线的变化

断言一个期望是合法的意味着它具有规范性价值。然而，合法期望在多大程度上以及在何种意义上具有规范性价值，却取决于进一步的考虑。到目前为止，

① 该研究由格拉茨大学社会学系进行，研究调查了奥地利公民的环保态度和行为。共有 209 个家庭接受了他们对于出行问题的期望的采访，他们从中获得了 79 份有效调查，这些调查被用来确定奥地利公民对于出行问题的合法期望。该研究的全部成果参见 Meyer 等人 2021 年的著作。

② 在调查中，我们并没有确定这两个条件是否成立。

我们解释说，停止购买新的化石燃料汽车和禁止使用化石燃料汽车的政策可能会使一些公民的合法期望受挫。然而，这些期望具有合法性并不意味着有关国家在实施这些政策时不具备道德上的合理性。尽管如此，考虑到合法期望可能受挫，国家在设计（和修改）政策时必须考虑这一事实，这样才能使这些人的期望不受挫或至少将这种受挫降到最低。

　　一旦确定某种合法期望在转型过程中可能受挫，下一个问题就是评估这种期望的合法性是否允许社会益品分配的实质性基线发生变化或偏离。就本章而言，我们需要分析合法期望能否为改变正义的实质性基线提供理由，从而给一些人提供比其他人更多的排放许可。

　　假设人类有意愿成为自己生活的主宰，这意味着他们希望根据自己的想法来指导自己的生活。这种愿望表达了个人自主的理想，正如约瑟夫·拉兹所断言的，"人们在某种程度上把握自己的命运，终其一生，通过连续的决定来塑造自我"（Raz，1986：369）。如果个人自主是一种需要保护的价值，那么追求自主选择之生活计划的期望似乎也需要得到保护。然而，从这一考虑出发，并不意味着，一个人实现其生活目标的具体方式必须得到保障，只有当以下三个条件中的至少一个得到满足时，这种期望才会得到保障：第一，如果这种期望的受挫破坏了这个人谋划其生活的能力；第二，如果这个人的基本权利得到实现的唯一途径是使这一期望得到实现（Meyer、Sanklecha，2014：373）；第三，如果执行新的政策会对合法期望的持有者提出一些不可能实现的要求，或要求其付出过高的代价。这三个条件有可能证明，偏离正义基线的排放权分配是合理的，并应该将更多的排放利益给予某个群体的人。因为，不偏离正义基线的排放权分配将使这些人的个人自主权受到消极且严重的影响，这一点我们将在下文中论证。

　　想想罗尔斯关于社会益品分配变化的思想。在罗尔斯看来，正义的原则是为了管理社会的基本结构，以便社会各项制度能够对利益和负担进行公正的分配（Rawls，1999b：47）。在讨论罗尔斯的正义理论时，沃尔德伦提出了一种情况，即在一个时间点 t_1 上，我们的制度体系使社会益品的分配成为 D1。然而，过了一段时间后，在时间点 t_2 的时候，人们发现，根据实质正义的原则，不同的制度安排会使社会益品的分配 D2 优于 D1。对于这种情况，沃尔德伦问道："我们是否应该立即进行干预，重新分配财富，以便将 D1 变为 D2？"（Waldron，2005：107）。根据沃尔德伦的观点，罗尔斯的正义理论对这个问题的回答是"不"。合法期望和稳定的价值对突然发生的转型施加了限制。[①] 但是，从这些事实来看，

---

　　① 即使我们所追求的分配 D2 比目前的分配 D1 要好得多，在我们从 D1 转型到 D2 时，也有理由尊重在 D1 条件下形成的合法期望（Brown，2012：637）。

这并不意味着我们不应该改变制度体系，以便使未来的分配成为 D2。然而，这一变化受到某些限制；在某些情况下，这些限制可能证明正义的实质性基线在转型期的偏离具有合理性。为了证明我们的观点，我们可以把一个特定国家（如奥地利）目前的排放权分配看作是 D1，而把我们在低碳或碳中和社会中的分配目标看作是 D2。

第一种能够证明改变正义的实质性基线具有合理性的情形是，一项或一组政策破坏了人们谋划其生活的能力。拥有一定程度的确定性对于成为自己生活的创造者来说是必要的。如果新政策或立法变化过于频繁，甚至是有追溯效力的，那么人们能够制订生活计划的想法就会受到破坏并且变得不稳定。例如，假设国家希望其公民能够停止使用他们的内燃机汽车，因此，国家开始对购买混合动力汽车进行补贴。也因此，汽车公司开始根据这项新政策制订销售计划和进行投资，公民也开始购买混合动力汽车。然而，国家很快就禁止使用混合动力汽车，并且鼓励使用纯电动汽车。此外，不久之后，在没有事先通知的情况下，国家完全禁止私家车进入市中心。在这些情况下，制订生产计划的制造商和试图遵循早期法规变化的公民们有理由抱怨，他们生活在一个不稳定的法律环境中，这削弱了他们谋划自己出行方式的能力。在这种情况下，合法期望的受挫严重影响了个人的自主性。因此，有充分的理由让那些最近适应了新政策的人获得额外的利益份额。

在转型过程中，允许改变正义的实质性基线的第二种情形是，新的规定损害了人们的基本权利。在人们的谋划能力没有受到削弱时，其基本权利也可能受到侵犯。以下案例就是这种情况的例证。假设一个人住在靠近大城市的乡村地区，而他/她在该城市的市中心工作。此外，目前没有公共交通连接到他/她的工作地点。鉴于他/她家和工作地点之间的距离，使用非机动车是不现实的。此外，由于他/她的月收入水平，他/她除了使用自己的旧汽车，买不起其他车辆。这种情况下，禁止使用化石燃料汽车的政策似乎不能破坏这个人的谋划能力。然而，这可能与他/她能够挣到足够的钱来实现他/她的一些基本权利不相容，如果他/她因为被禁止使用化石燃料汽车而失去工作的话。这种情况下，即使在全国范围内全面禁止使用这些化石燃料汽车，可能也不得不允许这些人继续使用他们的化石燃料汽车。因此，在这种情况下，政策实施的例外就可能在道德上具有合理性。

但是，如果此人的基本权利有可能通过其他方式得到满足，而非维持他/她每天开车上班的期望，那么，推行一项导致此人期望受挫的政策就应该被视为可允许的。例如，如果公共交通扩展到此人居住的地区，或者如果国家为此人购买电动汽车提供了大量补贴，那么此人的期望受挫就是可允许的。然而，即使在这种情况下，这个人也面临着适应成本的问题。那些不得不适应新环境和新的生活谋划方式的人们可能会遭受严重的伤害，这一点应该加以考虑（Meyer、Sanklecha，2014：373）。在这种情况下，也许可以允许期望受挫，但前提是期望的持有者将得到赔偿。

可以被证明具有合理性的偏离正义基线的第三种情形与形式正义的考虑密切相关。"形式正义"指"对法律和制度的公正一致的实施，不管它们的实质性原则是什么"（Rawls，1999b：51）。① 形式正义的标准也可能会限制如何实现从 D1 到 D2 的转型，即使我们所追求的分配方式 D2 比目前的分配方式 D1 要好很多。假设向低碳或无碳社会的转型是依靠法律制度推行的。正如罗尔斯所断言的，当被运用到法律制度中时，形式正义就变成了法治（Rule of Law，RL）（Rawls，1999b：206）。罗尔斯还指出，法律规则与自主性密切相关，因为它是人们制订生活计划所依据的背景制度的一部分（Rawls，1999b：207）。因此，法治在人们形成期望时起着关键作用，法治使我们有理由认为这些在现行法律基础上形成的期望应该具有规范性价值。由于国家承诺要尊重法治，因而国家也有理由要尊重这样一些期望，这些期望之所以受挫，乃是因为国家的行为与法治相冲突。②

在罗尔斯看来，法治施加了一些限制，这些限制提供了进一步的指导，以确保转型不会以错误的方式进行。这些限制的意义不在于保护具有实质性内容的特定权利，而在于给予人们足够的时间来适应新的环境，从而使转型过程对那些可能要遭受一些损失的人来说不至于太过苛刻。罗尔斯的第一类约束来源于"应当意味着能够"的观念。从这一观念出发，罗尔斯推导出了三个标准：首先，法律——在本章中指新的法律——"不能提出一种不可能做到的义务"（Rawls，1999b：208）；其次，如果某人做不到法律所要求的事，这种不可能性可以算作是辩护理由（Rawls，1999b：208）；来源于"应当意味着能够"这一观念的第三种标准与转型的普遍可行性有关。在罗尔斯看来，立法者和政策制定者应该本着诚意去制定法律和政策，而且，这种诚意必须为受其约束的人所承认（Rawls，1999b：208）。这一点很重要，因为要使转型对持有某种期望的人来说不至于代价过高，国家实现转型（就本章而言，指转型成为低碳社会）的措施就必须透明并提前宣布，以免过度打乱人们的生活计划。人们有更多的时间来适应新的环

---

① 相反，实质正义"依赖于社会基本机构与之相适应的原则"（Rawls，1999b：51）。

② 这种理解回应了 Fergus Green 的反对意见，即"复杂正义观"过于针对特定主体。在格林看来，"通过参考期望主体心理状态的其他特征来确定期望的合法性，复杂正义观未能为其他主体——这里指国家——提供一种与期望主体的期望一致的行动理由"（Green，2020：411）。在我们所主张的观点中，不仅是期望主体的心理状态为国家保护期望主体的合法期望提供了理由；更重要的是，当国家的行为使主体的合法期望受挫时，国家的行为可能就与法治的当代要求不相容。这就进一步为国家尊重期望主体的期望提供了某种理由。

境和法规，这可能会减少他们不得不改变或重新调整自己生活计划所蕴含的成本。例如，随着逐步淘汰煤炭和转向使用电动汽车，矿工和汽车机械师将需要相当长的时间来学习新的职业或重新培训。这三个标准提供了一些理由，可以证明在转型时期改变正义的实质性基线具有合理性。尤其是，当实施新的分配基线将要求持有某种期望的人做一些不可能的事情或付出过高的代价，从而这种转型政策将会使合法期望受挫时，即使没有侵犯基本（实质性）权利，偏离基线也可以被理解为是允许的。

7.5 使合法期望的受挫最小化

目前为止，我们认为合法期望是很重要的，足以为转型时期正义实质性基线的变化提供理由。然而，我们还没有考虑到如何在转型过程中使合法期望的受挫最小化。

使合法期望可能的受挫最小化的一个重要考虑是，政策的实施与合法期望的潜在受挫之间间隔时间越近，情况就越棘手。极端的情况是，一项新的政策或立法对那些已经排放了一定数量（高额）温室气体的人们施加了追溯性的负担。根据拉兹的说法，追溯性法律使合法期望受挫，并且构成对人们自主性的严重不尊重（Raz, 1979: 222）。当可能影响生活计划的新政策在没有通知的情况下突然实施时，合法期望也可能会受挫。人们调整其生活计划的时间越少，他们的合法期望受挫的可能性就越大。反之，人们调整其生活计划的时间越多，他们的合法期望受挫的可能性就越小。有两种情况说明了这一点。首先，随着时间的推移，人们可能不再依赖某些基于现状的期望（以下简称"现状期望"），而开始围绕新的生活谋划来安排自己的生活，或者至少是以新的方式来实现自己的生活计划，而无须满足可能被新政策挫败的那些现状期望。正如一些研究所表明的那样，对气候问题的认识和行为选择有助于改变人们的态度，从而影响人们的行为（Steg、Vlek, 2009: 313）。这可以使人们想要改变他们的生活计划，或者至少改变实现他们现有生活计划的方式。因此，一旦政府宣布某些政策将在未来实施，那些愿意改变自己生活计划或实现计划之方式的人们将不会看到他们的现状期望受挫，因为这些期望不再是他们谋划其生活的背景条件的一部分。

其次，在某些情况下，基于现状的期望可能会受挫，但是，对这些期望的这种侵犯可能不会有问题，因为随着时间的推移，这些期望可能会失去认知有效性，从而失去其合法性。一旦政府宣布某些政策将在未来实施，人们就有时间去改变自身实现生活计划的方式，从而降低成本。某些人在经过很多年以后仍然不愿意做出改变；他们要为自己那种想继续维持传统生活方式的期望承担责任，而这种期望很可能不再具有认知有效性。这是因为，那些有能力挫败他人期望的人已经宣布，持有该期望的人将不能像以前那样继续生活下去。因此，在这些条件下，不再有很好的理由去相信一个给定的期望可以在未来实现。因此，这类期望失去了认知有效性。① 所以，即使这些人不改变他们的生活计划，并且他们的期望遭受了挫败，这些期望的受挫在道德上也不再是有问题的。基于这些理由，如果可能的话，向人们发出通知是有必要的，这有利于他们在未来调整自己的生活计划，从而使合法期望受到侵犯的可能性降到最低。

提前宣布可能会挫败现状期望的未来政策还有一个好处，那就是，至少在一些国家（如奥地利），在一些问题（如出行方式的变化）上，公民似乎能接受期望的转变。在我们进行的实证研究中，从 0（最低）到 10（最高）的量表中，显示接受程度最高的措施是明确的规划策略（8.28）和提高人们对转向低碳或无碳社会认识的宣传活动（8.57）。然而，当评估具体的法规时，受访者只表现出适中的接受度（5.92）（Meyer et al.，2021）。这些结果表明，重大变革只有在作为一整套措施的一部分时才能实施，这些措施既包括实现低碳社会的明确计划，也包括提高人们对这些措施的接受程度的宣传活动。

虽然提前宣布具体政策可以使期望的受挫最小化，但这一策略亦有缺点，即政策的再分配效果可能会降低或至少推迟（Goodin，1991：159）。首先，宣布在未来将禁止某项活动，会导致人们在可允许的剩余时间内更多地参与即将被禁止的活动。假设宣布人们不再可能以相对实惠的价格乘坐航班，或者几年后航班数量将大幅减少；或者假设五年后，将禁止使用燃油车。这类公告可能会激发某些行为反应，阻碍社会从目前的分配 D1 转向低碳分配 D2。例如，这些公告可能会引发旅游航班或 SUV 等高能耗汽车使用频率的激增。这些由公告引发的行为变化可能会影响到未来排放存量的分配。因此，在采取这类措施——向人们发出通知以便他们能够慢慢调整自己生活计划从而减少期望受挫的数量——时，必须同时考虑，这些公告本身所激发的行为反应会如何减少或推迟政策的再分配效果。

---

① 即使人们赞同布朗的理论，这个结论仍然成立。布朗认为，"任何负责为非政府主体创造合法期望的政府行政人员或机构，都有初始义务去实现而不是挫败这些合法期望"（Brown，2017：457）。然而，如果政府"已经采取合理措施警告行为主体，那么，法律可能会发生变化。在这种情况下，如果行为主体继续期望法律保持不变，那么，这就不是政府的责任"（Brown，2017：446）。这样看来，在政府宣布某些政策将在未来实施后，基于从前规定的现状期望可能开始失去其合法性。

7.6 优先规则和赔偿

如果这一措施——提前通知以便人们可以在未来调整其生活计划——被证明与在规定时间内实现低碳社会的目标不相容，那么，某些群体的合法期望可能会不可避免地受挫。有助于证成哪些群体的期望应该得到保护、哪些期望应当被挫伤的一个标准来源于这一标准："类似情况类似处理"的原则。该原则常与形式正义的另一个约束"法治"相联系（Rawls，1999b：208）。"类似情况类似处理"的原则是重要的，因为当规则和法律没有得到公平一致的实施时，人们组织其生活的背景条件就会变得不稳定，恰如他们的自由权也变得不稳定。在这种情况下，几乎不可能形成新的生活计划，甚至人们的谋划能力也会遭受损害。在罗尔斯看来，"法治的观念迫使法官们要依据有关的法律规则和原则来证明对人们做出区别对待的合理性"（Rawls，1999b：209）。由于转型需要大量的立法变化，因此，将"类似情况类似处理"的原则从法律判决延伸到立法变化的引入及其实施是合理的。①

当低碳社会的实现必须使某些群体的合法期望受挫时，就需要考虑这一制约因素。这里，需要某种优先规则（priority rule）来决定哪一群人可能要在转型过程中承受负担。正如大多数问题那样，关于向低碳社会的转型，有不止一种可能的方式来实现公正的状态。然而，并非所有政策都会给同一群人带来负担。因此，我们应该有明确的标准来判定，这些群体中的哪些人要承受转型期的负担，哪些人拥有更高的排放份额。

想象一下，一个国家在两种经济活动上投资了近一个世纪：煤炭开采和农业。当该国意识到，为了履行其代际和国际分配正义的义务，需要减少其排放水平。但是该国知道，如果他们想实现这一目标，这两项活动就不能再同时进行。然而，如果牺牲其中一项，另一项就可以得到保留。在这个国家，牺牲这些活动中的每一项所造成的客观影响是相同的，尽管（相同数量的）不同的人将（同样地）承受负担。牺牲农业将使那些生活在平原上的人们的合法期望受挫，而牺牲煤炭开采将使那些生活在山区附近的人们的合法期望受挫。

想象一下，该国如果决定停止煤炭开采而不是停止农业活动。根据假定，鉴于取消这两项政策中的任何一项的影响都是相同的，那些靠采煤为生的人可能有理由抱怨转型过程的不公平，因为新法规没有尊重"类似情况类似处理"的原

---

① 毕竟，对于罗尔斯来说，"一致性的要求当然适用于所有规则的解释和各种层次的证明"（Rawls，1999b：209）。

则。当然，该问题也可以被反向提出。

有时，当某个国家面临这样的选择时，我们应该考虑是否有可能在一个群体期望受挫时对其进行赔偿。在转型过程中，为那些期望受挫的人提供赔偿是合理的，因为赔偿可以被理解为一种额外的保险措施，以使人们继续形成、修改和追求他们的生活计划（Brown，2011：271）。假设在限制煤炭开采的情况下，我们可以赔偿那些期望在煤炭矿场工作的人，而在限制特定耕作方式的情况下，我们却不能赔偿那些在农场工作的人。那么我们就有理由限制前者而非后者。在这种情况下，那些在矿区工作的人不能抱怨"类似情况没有得到类似处理"，因为这二者并不相似。这样，某个群体将因为其期望会受挫而得到赔偿，而另一个群体则不会因此而得到赔偿。

然而，可能会出现这种情况，即期望将会受挫的两个群体都能得到赔偿。这种情况下，"类似情况类似处理"原则的满足也需要进一步加以说明。这些说明将有助于解释哪些活动应该保留，哪些活动可能必须取消。首先，我们需要知道，某些群体之合法期望的受挫是否可以通过物质手段来赔偿，还是只能通过一些象征性的措施来赔偿。物质赔偿应被视为优于象征性赔偿，因为后者仍会使那些期望受挫的人处于明显更糟糕的境遇。然而，进行象征性赔偿的行动同样是重要的，因为它有助于表明，如果有可能，我们将提供真正的赔偿（Meyer，2004a：180）。① 例如，假设该国牺牲了农业，生活在平原上的人只能得到象征性赔偿，而如果限制煤炭开采，生活在山区的人能够得到物质赔偿。鉴于物质赔偿是首选，国家有理由限制煤炭开采。在这种情况下，矿工也不能抱怨"类似情况没有得到类似处理"，因为只有他们（与农民不同）才能得到物质赔偿。

如果这两类可能受到影响的人都能通过物质手段得到赔偿，就需要做出再进一步的说明。我们需要区分以下两种情况：一种是人们怀有期望，这些期望的受挫可以得到赔偿，他们能够追求与以前相同的生活计划；另一种是可以提供赔偿，即使他们不再能够追求原来的生活计划，但赔偿能使这些人维持在相同的福祉水平。在第一种情况下，人们有资格获得古丁所说的"手段代偿"（means-replacing compensation）。这种意义上的赔偿是"为人们提供追求'相同'目的的同等手段（如果他们不能获得这些手段，他们遭受损失将与以前的损失相同；如果他们没有遭受损失，他们就将拥有这些手段）"（Goodin，1989：60）。在第二种情况下，可以提供的赔偿类型被古丁称为"目的代偿"（ends-displacing compensation）。这种赔偿有助于人们追求其他目的或生活计划，使他们的境遇整

---

① 正如 Meyer 在其他地方所表达的那样，"真正的赔偿的价值——如果可能的话，我们所要达成的纠正或赔偿——至少有一部分是基于象征性赔偿的行动"（Meyer，2004a：179）。

体而言与没有受到伤害时一样好（Goodin，1989：60）。虽然"目的代偿"意在提供令人满意的物质或方式，帮助人们达到与以前同样好的境遇，但是，它不允许赔偿接受者追求与以前一样的目的。基于此，"手段代偿"要优于"目的代偿"。

像上例提到的那样，假设国家必须决定到底是牺牲农业，让那些生活在平原上的人们的合法期望受挫，还是牺牲采矿活动，让那些生活在矿山附近的人们的合法期望受挫。与之前不同的是，我们还假设，虽然这两类人都可以得到物质赔偿，但只有从事煤炭开采工作的人可以获得"手段代偿"。在这种情况下，国家不得不倾向于选择其中的一项政策，其后果是使矿工的合法期望受挫；因为，与农民不同，矿工可以获得必要的手段来追求他们已经拥有的同样的生活计划。在这个例子中，矿工不能合理地抱怨"类似情况没有得到类似处理"，因为，如果农场被关闭，农民并不能获得"手段代偿"。如果是这样的话，农民将不得不改变他们的生活计划，即使他们将获得"目的代偿"。

可能的情形是，在出行问题上提供"手段代偿"的可能性具有优势，即：当不这样做就与实现低碳社会不相容时，使一些合法期望受挫是允许的。例如，沿用上文的一个例子，如果允许居住在乡村地区的人们继续使用他们的内燃机汽车，这与实现低碳社会可能是不相容的。在这些情形中，国家不需要破例。实现公平转型所需要的，就是为他们的期望受挫提供赔偿。如上所述，手段代偿必定优于目的代偿，因为手段代偿大幅降低了挫败人们重要合法期望的成本。例如，良好的公共交通将会是一种手段代偿，因为它的目的是让那些生活在乡村地区的人们能够实现与以前一样的生活计划，即在城市中心工作的同时继续生活在乡村。

结 论

我们在本章中表明了，合法期望为何具有规范性价值，以及在转型过程中我们应该如何把这些合法期望考虑进来。适当考虑合法期望与向低碳社会的公正转型是相关的。尤其是，我们认为，第一，期望具有三个特征：①期望是重要的，因为期望是人们规划其生活时所依据的部分背景；②期望的实现受到人为控制；③期望的受挫会对其持有者造成伤害。第二，我们解释了，哪些合法期望具有规范性价值。如果期望具有认知有效性和基于正义的有效性，它们就是合法的。当我们有充分的理由认为某种期望会在未来实现时，该期望就具备认知有效性，这是因为过去的一些行为使我们相信情况将会如此（行为上的有效性），或者是因为有一种交往行动表明这种期望可以在未来得到实现（交往上的有效性）。如果期望符合"普遍化""一致性"和"合理性"这三个标准，就具有基于正义的有效性。那些符合上述标准的期望，就应该被视为具有合法性、具有规范性价值。

第三，我们认为，与合法期望相关的三种情况可能允许分配正义的基线在转型期发生改变：①当某些合法期望的受挫削弱了人们的生活谋划能力；②当这种期望的实现对于某些基本权利的满足是必要的；③当某些合法期望的受挫对其持有者来说代价高昂。

第四，我们认为，为了使合法期望可能的受挫最小化，有必要将相关的政策提前告知人们，以使他们能够在未来调整自己的生活计划。这一点很重要，因为执行政策的时间范围越短，就越有可能使合法期望受挫。

第五，我们认识到，在转型过程中，一些合法期望的受挫似乎是不可避免的。因此，为了避免违反"类似情况类似处理"的原则，需要制定优先规则。只有这样，我们才能为哪些期望将得到保护、哪些期望可能需要受挫提供证明。这些规则断言，如果某些期望需要受挫，我们首先应该问，它们的受挫是否可以通过物质手段赔偿，还是仅能通过象征性措施来赔偿？在这里，我们应该优先考虑保护那些不能得到物质赔偿的人的期望。不过，如果有两类（或更多）潜在受影响的人有资格获得物质赔偿，我们应该优先保护那些不能继续执行与以前相同的生活计划的人的期望，即使得到的赔偿使他们能够拥有与以前相同的福祉水平。最后，对那些只能通过目的代偿来赔偿的期望的保护，应该优先于对那些其受挫可以通过手段代偿来赔偿的期望的保护。

我们认为，在向低碳或零碳社会转型的过程中，适当考虑合法期望对于确保转型遵循公平的标准而言是很重要的。然而，保护人们的生活计划不受意外干扰，也可能有助于解决一些人的担忧，否则这些人可能会抵制必需的转型（Patterson et al.，2018：4）。基于此，对于合法期望的考虑也有助于提高实现低碳社会的政治可行性。未来的研究应该探讨，对合法期望的关注能够在多大程度上增进转型的政治可行性。

参考文献

ACKERMAN B A, 1980. Social justice in the liberal state. Yale University Press.

ACKERMAN B A, 1992. The future of liberal revolution. Yale University Press.

ACKERMAN B A, 1997. Temporal horizons of justice. Journal of Philosophy, 94: 299 –317.

ADAMS R M, 1979. Existence, self-interest, and the problem of evil. Noûs, 13: 53 –65.

ALIRE S, 2002. Valuing freedoms: Sen's capability approach and poverty reduction. Oxford University Press.

ANDERSON E, 1993. Value in ethics and economics. Harvard University Press.

APPLBAUM A, 2019. Legitimacy: theright to rule in a wanton world. Harvard University Press.

ARNESON R, 1999. Egalitarianism and responsibility. Journal of Ethics, 3: 225 –247.

ARNESON R, 2000. Luck egalitarianism and prioritarianism. Ethics, 110: 339 –349.

ARNESON R, 2005. Distributive justice and basic capability equality: "good enough" is not good enough. In A. Alexander (Ed.), Capabilities equality: Basic issues and problems, 17 –43. Routledge.

ARRHENIUS G, 2003. The person-affecting restriction, comparativism, and the moral status of potential people. Ethical Perspectives, 10: 185 –195.

ARROW K J, 1963. Social choice and individual values. Yale University Press.

ATTAS D, 2009. Atransgenerational difference principle. In Gosseries and Meyer (2009): 189 –218.

AUERBACH B E, 1995. Unto the thousandth generation: conceptualizing intergenerational justice. Peter Lang.

AXELSEN D V, NIELSEN L, 2015. Sufficiency as freedom from duress. Journal of Political Philosophy, 23 (4): 406 –426.

BAATZ C, 2014. Climate change and individual duties to reduce GHG emissions. Ethics, Policy and Environment, 17 (1): 1 –19.

BAATZ C, OTT K, 2017. In defense of emissions egalitarianism? In L. Meyer and P. Sanklecha (Eds.), Climate justice and historical emissions. Cambridge University Press: 165 –197.

BAATZ C, VOGET-KLESCHIN L, 2019. Individuals' contributions to harmful climate change: the fair share argument restated. Journal for Agricultural Environmental Ethics, 32: 569 –590.

BAIER A, 1981. The rights of past and future persons. In E. Partridge (Ed.), Responsibilities to future generations. Environmental ethics: 171 –183. Prometheus Books.

BAMBER J L, OPPENHEIMER M, KOPP R E, et al., 2019. Ice sheet contributions to future sea-level rise from structured expert judgment. Proceedings of the National Academy of Sciences, 116 (23): 11195 –11200.

BARRETT S, 2016. Coordination vs. voluntarism and enforcement in sustaining international environmental cooperation. PNAS (Proceedings of the National Academy of Sciences), 113 (51): 14515 –14522.

BARRY B, 1977. Justice between generations. In P. M. S. Hacker and J. Raz (Eds.), Law, Morality and Society. Essays in Honor of H. L. A. Hart: 268 –284. Clarendon Press.

BARRY B, 1989. Theories of justice: A treatise on social justice. University of California Press.

BARRY B, 1991. Justice as reciprocity. In B. Barry (Ed.), Liberty and justice: Essays in political theory, Vol. 2: 211 –241. Clarendon Press.

BARRY B, 1995. Justice as impartiality, Oxford political theory. Clarendon Press; Oxford University Press.

BARRY B, 1999. Sustainability and intergenerational justice. In A. Dobson (Ed.), Fairness and futurity. Essays on environmental sustainability: 71 –117. Oxford University Press.

BAUMERT K, HERZOG T, PERSHING J, 2005. Navigating the numbers: greenhouse gas data and international climate policy. World Resources Institute.

BECKERMAN W, 1999. Sustainable development and our obligations to future generations. In A. Dobson (Ed.), Fairness and futurity. Essays on environmental sustainability: 71 –92. Oxford University Press.

BECKERMAN W, PASEK J, 2001. Justice, posterity and the environment. Oxford University Press.

BEDAU H A, 1972. Compensatory justice and the black manifesto. The Monist, 56: 20 – 42.

BENATAR D, 2006. Better never to have been. The harm of coming into existence. Clarendon Press.

BENBAJI Y, 2005. The doctrine of sufficiency: a defence. Utilitas, 17 (3): 310 – 332.

BENBAJI Y, 2006. Sufficiency or priority? . European Journal of Philosophy, 14 (3): 327 – 348.

BIRNBACHER D, 1988. Verantwortung für zukünftige generationen. Reclam.

BRNBACHER D, 2014. Tun und Unterlassen, 2nd revised edition. Alibri Verlag.

BOONIN D, 2008. How to solve the non-identity problem. Public Affairs Quarterly, 22: 129 – 159.

BOXILL B R, 1984. Blacks and social justice. Rowman and Allanheld.

BRANDSTEDT E, 2015. The circumstances of intergenerational justice. Moral Philosophy and Politics, 2: 33 – 55.

BRAYBROOKE D, 1987. Meeting needs. Princeton University Press.

BRENNAN G, SAYRE-MCCORD G, 2016. Do normative facts matter... to what is feasible? Social Philosophy and Policy, 33 (1/2): 434 – 456.

BRILMAYER L, 1991. Secession and self-determination: a territorial interpretation. Yale Journal of International Law, 16: 177 – 202.

BRINK D O, 1989. Moral realism and the foundations of ethics. Cambridge University Press.

BROCK G, 2004. What does cosmopolitan justice demand of us? . Theoria, 51 (104): 169 – 191.

BROCK G, 2005. Needs and global justice. Royal Institute of Philosophy Supplement, 57: 51 – 72.

BROOKS R L (Ed.), 1999. When sorry isn't enough. The controversy over apologies and reparations for human injustice. New York University Press.

BROOME J, 1994. Discounting the future. Philosophy and Public Affairs, 23: 128 – 156.

BROOME J, 1999. Ethics out of economics. Cambridge University Press.

BROOME J, 2012. Climate matters: Ethics in a warming world. Norton.

BROOME J, 2019. Against denialism. The Monist, 102 (1): 110 – 129.

BROOME J, 2021. How much harm does each of us do? In M. Budolfson, T.

McPherson, and D. Plunkett (Eds.), Philosophy and Climate Change: 281 – 291. Oxford University Press.

BROWN A, 2011. Justifying compensation for frustrated legitimate expectations. Law and Philosophy, 30: 699 – 728.

BROWN A, 2012. Rawls, Buchanan, and the legal doctrine of legitimate expectations. Social Theory and Practice, 38 (4): 617 – 644.

BROWN A, 2017. A theory of legitimate expectations. The Journal of Political Philosophy, 23 (4): 435 – 460.

BUCHANAN A, 1975. Distributive justice and legitimate expectations. Philosophical Studies, 28 (6): 419 – 425.

BUCHANAN A, 1990. Justice as reciprocity versus subject – centered justice. Philosophy and Public Affairs, 19: 227 – 252.

BUCHANAN A, 1991. Secession. The morality of political divorce from fort Sumter to Lithuania and Quebec. Westview Press.

BUCHANAN A, BROCK D W, DANIELS N, et al., 2000. From chance to choice. Genetics and Justice. Cambridge University Press.

BURKETT M, 2009. Climate Reparations, 10 Melb J Intl L.

BUTT D, 2006. Nations, overlapping generations and historic injustice. American Philosophical Quarterly, 43: 357 – 367.

BUTT D, 2009. Rectifying international injustice. Principles of compensation and restitution between nations. Oxford University Press.

BUTT D, 2017. Historical emissions: Does ignorance matter?, In L. Meyer, and P. Sanklecha (Eds.), Climate justice and historical emissions: 61 – 79. Cambridge University Press.

BYKVIST K, 2016. Preference-based views of well-being. In M. D. Adler and M. Fleurbaey (Eds.), The Oxford handbook of well-being and public policy: 321 – 346. Oxford University Press.

CANE P, 1993. Atiyah's accidents, compensation and the law. Cambridge University Press.

CANEY S, 2006. Environmental degradation, reparations, and the moral significance of history. J Soc Phil.

CANEY S, 2009a. Climate change and the future: discounting for time, wealth and risk. Journal of Social Philosophy, 40 (2): 163 – 186.

CANEY S, 2009b. Justice and the distribution of greenhouse gas emissions. J. Glob.

Ethics, 5: 125 - 146.

CANEY S, 2010. Climate change, human rights and moral thresholds. In S. Humphreys (Ed.), Human Rights and Climate Change: 69 - 90. Cambridge University Press.

CARENS J H, 2000. Culture, citizenship, and community. A contextual exploration of justice as evenhandedness. Oxford University Press.

CASAL P, 2007. Why sufficiency is not enough. Ethics, 117 (2): 296 - 326.

CASAL P, Williams A, 1995. Rights, equality and procreation. Analyse und Kritik, 17: 93 - 116.

CIORAN E M, 1978. Lehre vom zerfall. Klett-Cotta.

CLARKE L, JIANG K, AKIMOTO K, et al. , 2014. Assessing transformation pathways. In Climate Change 2014: Mitigation of Climate Change. IPCC Working Group Ⅲ Contribution to AR5. Cambridge University Press.

COHEN J, 2008. Truth and public reason. Philosophy and Public Affairs, 42: 2 - 42.

COPP D, 1992. The right to an adequate standard of living: justice, autonomy, and the basic needs. Social Philosophy and Policy, 9 (1): 231 - 261.

COPP D, 1993. Reason and needs. In R. G. Frey and C. Morris (Eds.), Value, welfare, and morality: 112 - 137. Cambridge University Press.

COPP D, 1998. Equality, justice, and the basic needs. In G. Brock (Ed.), Necessary goods: 113 - 133. Rowman and Littlefield.

COSTANZA R, FISHER B, ALI S, et al. , 2007. Quality of life: an approach integrating opportunities, human needs, and subjective well-being. Ecological Economics, 61 (2 - 3): 267 - 276.

COWEN T, PARFIT D, 1992. Against the Social Discount Rate. In P. Laslett and J. S. Fishkin (Eds.), Philosophy, politics, and society: Volume 6, justice between age groups and generations: 144 - 161.

CRISP R, 2003. Equality, priority, and compassion. Ethics, 113 (4): 745 - 763.

DANIELS N, 1979. Wide reflective equilibrium and theory acceptance in ethics. Journal of Philosophy, 76 (5): 256 - 282.

DANIELS N, 1980. Reflective equilibrium and Archimedian points. Canadian Journal of Philosophy, 10 (1): 83 - 103.

DASGUPTA P, 1994. Savings and fertility. Philosophy and Public Affairs, 23: 99 - 127.

DE CONINCK H, REVI A, BABIKER M, et al. , 2018. Strengthening and implementing the global response. In Global Warming of 1. 5 ℃ an IPCC special report on the impacts of global warming of 1. 5 ℃ above pre-industrial levels and related global greenhouse gas emission pathways, in the context of strengthening the global response to the threat of climate change. Intergovernmental Panel on Climate Change.

DE GEORGE R, 1981. The environment, rights, and future generations. In E. Partridge (Ed.), Responsibilities to future generations. Environmental ethics: 157 – 166. Prometheus Books.

DEN ELZEN M, MEINSHAUSEN M, VAN VUUREN D, 2007. Multi-gas emission envelopes to meet greenhouse gas concentration targets: costs versus certainty of limiting temperature increase. Glob. Environ, 17: 260 – 280.

DE-SHALIT A, 1995. Why posterity matters. Environmental policies and future generations. Routledge.

DORSEY D, 2008. Toward a theory of the basic minimum. Politics, Philosophy and Economics, 7: 423 – 445.

DOYAL L, GOUGH I, 1991. A theory of human need. Macmillan, Basingstoke.

DREWNOWSKI J, 1966. Social and economic factors in development. United Nations Research Institute for Social Development.

DRUCKMAN A, BUCK I, HAYWARD B, et al. , 2012. Time, gender and carbon: a study of the carbon implications of British adults' use of time. Ecological Economics, 84: 153 – 163.

EISIKOVITS N, 2014. 'Transitional justice'. In E. N. Zalta (Ed.), The Stanford Encyclopedia of Philosophy. https://plato. stanford. edu/archives/fall2017/entries/justice-transitional/.

ELSTER J, 1983. Sour grapes: Studies in the subversion of rationality. Cambridge University Press.

ELSTER J, 1993. Ethical individualism and presentism. The Monist, 76: 333 – 348.

ENGLISH J, 1977. Justice between generations. Philosophical Studies, 31: 91 – 104.

EPICURUS, 1926. Letter to Menoeceus. In C. Baily (Ed.), Epicurus. The extant remains: 83 – 93. Oxford University Press.

European Commission, 2014. The erasmus impact study. Effects of mobility on the skills and employability of students and the internationalisation of higher education institutions, available at http://bookshop. europa. eu.

European Commission, 2019. Communication from the Commission. The European

Green Deal.

FABRE C, 2001. The choice-based right to bequeath. Analysis, 61 (1): 60 – 65.

FAITH D P, 2021. Biodiversity. In E. N. Zalta (Ed.), The Stanford Encyclopedia of Philosophy (Spring 2021 Edition), online https: //plato. stanford. edu/ archives/spr2021/entries/biodiversity/(viewed on 08. 07. 2022).

FEENSTRA R C, Inklaar R, Timmer M P, 2015. The next generation of the penn world table. American Economic Review, 105: 3150 – 3182.

FEINBERG J, 1978. Voluntary euthanasia and the inalienable right to Life. Phil and Pub Aff.

FEINBERG J, 1980. The rights of animals and unborn generations. In Feinberg, J. (1980). Rights, justice, and the bounds of liberty. Essays in Social Philosophy: 159 – 184. Princeton University Press.

FEINBERG J, 1984. The moral limits of the criminal law: Vol. 1. Harm to others. Oxford University Press.

FEINBERG J, 1986. Wrongful life and the counterfactual element in harming. Social Philosophy and Policy, 4: 145 – 178.

FEINBERG J, 1989. The moral limits of the criminal law: Vol. 3. Harm to self. Oxford University Press.

FEINBERG J, 1990. The moral limits of the criminal law: Vol. 4. Harmless wrongdoing. Oxford University Press.

FELDMAN F, 1997. Utilitarianism, hedonism, and desert. Cambridge University Press.

FISHKIN J S, 1991. Justice between generations: compensation, identity, and group membership. In J. W. Chapman (Ed.), Compensatory Justice, Nomos 33: 85 – 96. New York and NYU Press.

FISHKIN J S, 1992. The limits of intergenerational justice. In P. Laslett and J. S. Fishkin (Eds.), Justice between age groups and generations: 62 – 83. Yale University Press.

FLETCHER M L M, FORT K E, REO N J, 2014. Tribal disruption and indian claims. Michigan Law Review First Impressions, 112: 65 – 72.

FRANKFURT H, 1987. Equality as a moral ideal. Ethics, 98 (1): 21 – 43.

FRANKFURT H, 1997. Equality and Respect. Soc. Res, 64: 3 – 15.

FREIMAN C, 2012. Why poverty matters most: towards a humanitarian theory of social justice. Utilitas, 24: 26 – 40.

FRIEDLINGSTEIN P, ANDREW R M, ROGELJ J, et al. , 2014. Persistent growth of CO_2 emissions and implications for reaching climate targets. Nat. Geosci, 7: 709 – 715.

FRIMAN M, STRANDBERG G, 2014. Historical responsibility for climate change: science and the science-policy interface: historical responsibility for climate change. Wiley Interdiscip. Rev. Clim, 5: 297 – 316.

FROHLICH N, OPPENHEIMER J, 1992. Choosing justice: an experimental approach to ethical theory. University of California Press.

FULLINWIDER R, 2000. The Case for Reparations. Philosophy and Public Policy Quarterly, 20: 2 – 3.

GANS C, 2001. Historical rights. The evaluation of nationalist claims to sovereignty. Political Theory, 29: 58 – 79.

GANS C, 2008. A just zionism. On the morality of the Jewish state. Oxford University Press.

GARDINER S M, 2009. A contract on future generations?. In Gosseries and Meyer (2009): 77 – 118.

GARDINER S M, 2011. A perfect moral storm: the ethical tragedy of climate change. Oxford University Press.

GARDINER S M, 2016. In defense of climate ethics. In S. M. Gardiner, and D. A. Weisbach (Eds.), Debating climate ethics: 1 – 132. Oxford University Press.

GAUTHIER D, 1986. Morals by agreement. Clarendon Press.

GILABERT P, 2012. Comparative assessments of justice, political feasibility, and ideal theory. Ethical Theory and Moral Practice, 15 (1): 39 – 56.

GILABERT P, LAWFORD-SMITH H, 2012. Political feasibility: a conceptual exploration. Political Studies, 60: 809 – 825.

GOODIN R, 1989. Theories of compensation. Oxford Journal of Legal Studies, 9 (1): 56 – 75.

GOODIN R, 1991. Compensation and redistribution. Nomos, 33: 143 – 177.

GOODIN R, 1995. Utilitarianism as a public philosophy. Cambridge University Press.

GOSEPATH S, 2004. Gleiche Gerechtigkeit. Grundlagen eines liberalen Egalitarismus. Suhrkamp.

GOSSERIES A, 2001. What Do We Owe the Next Generation (s)?. Loyola of Los

Angeles Law Review, 35: 293 – 354.

GOSSERIES A, 2004a. Penser La Justice Entre Les Generations. De L'Affaire Perruche a la Reforme des Retraites. Aubier.

GOSSERIES A, 2004b. Historical emissions and free-riding. Ethical Perspect, 11: 36 – 60.

GOSSERIES A, 2009. Three models of intergenerational reciprocity. In Gosseries and Meyer (2009): 119 – 146.

GOSSERIES A, Meyer L, 2009. (Eds.) Intergenerational Justice. Oxford University Press.

GOUGH I, 2015. Climate change and sustainable welfare: the centrality of human needs. Cambridge Journal of Economics, 39 (5): 1191 – 1214.

GOUGH I, 2017. Heat, greed and human need. Elgar Publishing.

GOVIER T, 1979. What should we do about future people?. American Philosophical Quarterly, 16: 105 – 113.

GREEN F, 2020. Legal transitions without legitimate expectations. The Journal of Political Philosophy, 28 (4): 397 – 420.

GRIFFIN J, 1986. Well-being. Its meaning, measurement and moral importance. Clarendon Press.

GÜTSCHOW J, JEFFERY M L, GIESEKE R, et al. , 2016. The PRIMAP-hist national historical emissions time series. Earth System Science Data. 8: 571 – 603.

GUTWALD R, LEßMANN O, MASSON T, et al. , 2014. A capability approach to intergenerational justice? examining the potential of Amartya Sen's ethics with regard to intergenerational issues. Journal of Human Development and Capabilities, 15 (4): 355 – 368.

HANSER M, 1990. Harming future people. Philosophy and Public Affairs, 19: 47 – 70.

HANSER M, 2009. Harming and procreating. In Roberts M A and Wasserman D T (Eds.), Harming future persons: ethics, genetics and the nonidentity problem: 179 – 199. Springer.

HARMAN G, 1996. Moral relativism. In Harman G and Thompson J J (Eds.), Moral relativism and moral objectivity: 1 – 64. Blackwell.

HARMAN E, 2004. Can we harm and benefit in creating?. Philosophical Perspectives, 18: 89 – 113.

HARMAN E, 2009. Harming as causing harm. In M. A. Roberts and D. T. Wasserman (Eds.), Harming future persons: ethics, genetics and the nonidentity problem: 137 – 154. Springer.

HARRIS C E, 1991. Aborting abnormal fetuses: the parental perspective. Journal of Applied Philosophy, 8: 57 – 68.

HARRIS J, 1992. Wonderwoman and superman: the ethics of human biotechnology. Oxford University Press.

HART H L A, 1955. Are there any natural rights?. The Philosophical Review, 64: 175 – 191.

HART H L A, 1968. Law, liberty and morality. Oxford University Press.

HART H L A, 1982. Legal rights. In H. L. A. Hart, Essays on Bentham: Jurisprudence and Political Theory: 162 – 193. Clarendon Press.

HARTZELL H, 2011. Responsibility for emissions: a commentary on John Nolt's "how harmful are the average American's greenhouse gas emissions?". In Ethics, Policy and Environment, 14 (1): 15 – 17.

HILLER A, 2011. Climate change and individual responsibility. The Monist, 94 (3): 349 – 368.

HENDRIX B A, 2005. Memory in native American land Claims. Political Theory, 33: 763 – 785.

HERSTEIN O J, 2008. Historic justice and the non-identity problem: the limitations of the subsequent-wrong solution and towards a new solution. Law and Philosophy, 27: 505 – 531.

HERSTEIN O J, 2009. Theidentity and (legal) rights of future generations. The George Washington Law Review, 777: 1173 – 1215.

HEYD D, 1992. Genethics. Moral issues in the creation of people. University of California Press.

HEYD D, 2009a. A value or an obligation? Rawls on justice to future Generations. In Gosseries and Meyer (2009): 167 – 188.

HEYD D, 2009b. The intractability of the nonidentity problem. In M. A. Roberts and D. T. Wasserman (Eds.), Harming future persons: ethics, genetics and the nonidentity Problem: 3 – 25. Springer.

HEYD D, 2014. Parfit on the non-identity problem, again. Law and Ethics of Human Rights, 8: 1 – 20.

HEYD D, 2017. Climate ethics, affirmative action, and unjust enrichment. In L.

Meyer, and P. Sanklecha (Eds.), Climate justice and historical emissions: 22 – 45. Cambridge University Press.

HEYWARD C, 2017. Ethics and climate adaptation. In S. M. Gardiner, and A. Thompson (Eds.), Oxford handbook of environmental ethics. Oxford University Press.

HICKS N, STREETEN P, 1979. Indicators of development: the search for a basic needs yardstick. World Development, 7 (6): 567 – 580.

HILL R A, 2002. Compensatory justice. Over time and between groups. Journal of Political Philosophy, 10: 392 – 415.

HILL T E, 1991. The message of affirmative action. Social Philosophy and Policy, 8: 108 – 129.

HISKES R, 2009. The human right to a green future: environmental rights and inter-generational justice. Cambridge University Press.

HOERSTER N, 1991. Abtreibung im säkularen staat. Argumente gegen den § 218. Suhrkamp.

HÖHNE N, DEN ELZEN M, ESCALANTE D, 2014. Regional GHG reduction targets based on effort sharing: a comparison of studies. Clim. Policy, 14: 122 – 147.

HOLTUG N, LIPPERT-RASMUSSEN K, 1993. An introduction to contemporary egalitarianism. In N. Holtug and K. Lippert-Rasmussen (Eds.), Egalitarian-ism. New essays on the nature and value of equality. Oxford University Press.

HOLTUG N, 1998. Egalitarianism and the levelling down objection. Analysis.

HOLTUG N, 2004. Person-affecting moralities. In J. Ryberg and T. Tännsjö (Eds.), The repugnant conclusion: Essays on population ethics. Kluwer Academic.

HOLTUG N, 2006. Prioritarianism. In N. Holtug and K. Lippert-Rasmussen (Eds.), Egalitarianism. New essays on the nature and value of equality: 125 – 156. Oxford University Press.

HOLTUG N, 2009. Who cares about identity. In M. A. Roberts and D. T. Wasserman (Eds.), Harming future persons: Ethics, genetics and the nonidentity prob-lem: 71 – 92. Springer.

HOLTUG N, LIPPERT-RASMUSSEN K (Eds.), 2007. Egalitarianism. New essays on the nature and value of equality. Oxford University Press.

HORSTMANN U, 1983. Das Untier. Konturen einer Philosophie der Menschenflucht. Medusa.

HOUGHTON J T, JENKINS G J, EPHRAUMS J J (Eds.), 1990. Climate change: The IPCCscientific assessment (IPCC 1990), http://www. ipcc. ch/publications_ and_ data/publications_ ipcc_ first_ assessment_ 1990_ wgl. shtml#. UImDr-sWHKSo(visited Oct 25 ,2012).

HUBIN D C, 1977. Justice and future generations. Philosophy and Public Affairs, 6: 70 – 83.

HUEMER M, 2005. Ethical intuitionism. Palgrave MacMillan.

HURKA T, 1993. Perfectionism. Oxford University Press.

HUSEBY R, 2010. Sufficiency: restated and defended. Journal of Political Philosophy, 18: 178 – 197.

HUSEBY R, 2017. Sufficient autonomy and satiable reasons. Law, Ethics and Philosophy, 5: 154 – 63.

HYAMS K, 2009. A just response to climate change: personal allowances and the normal- functioning approach. Journal of Social Philosophy, 4 (2): 237 – 256.

IPCC, 2014. Climate change 2014. Mitigation of climate change. Working group III contribution to the fifth assessment report of the International Panel on Climate Change. Cambridge University Press.

IPCC, 2018. Global Warming of 1.5℃: An IPCC special report on the impacts of global warming of 1.5℃ above pre-industrial levels and related global greenhouse gas emission pathways, in the context of strengthening the global response to the threat of climate change, sustainable development, and efforts to eradicate poverty.

IPCC, 2021. Masson-Delmotte, V. et. al. (Eds.). Summary for policymakers. In Climate change 2021: The physical science basis. Contribution of working group I to the sixth assessment report of the intergovernmental panel on climate change: 3 – 32. Cambridge University Press.

JAMIESON D, 2001. Climate change and gloval environmental justice, In C. A. Miller, P. N. Edwards (Eds.), Changing the Atmosphere: Expert knowledge and environmental governance: 287 – 308. MIT Press.

JAMIESON D, 2005. Adaptation, mitigation and justice, In W. Sinnot-Armstrong, R. B. Howarth (Eds.), Perspectives on climate change: science, economics, politics, ethics: 217 – 248. Emerald Group Publishing Limited.

JEWELL J, CHERP A, 2020. On the political feasibility of climate change mitigation pathways: is it too late to keep warming below 1.5℃?. WIREs Climate, 11 (1): 1 – 12.

JONAS H, 1979. Das Prinzip Verantwortung. Versuch einer Ethik für die technologische Zivilisation. Insel Verlag. Trans. (1984). The imperative of responsibility: In search of an ethics for the technological age. University of Chicago Press.

KAMM F M, 1993. Morality, mortality. Vol. 1. Death and whom to save from it. Oxford University Press.

KAVKA G, 1982. The paradox of future individuals. Philosophy and Public Affairs, 11: 93 – 112

KENEHAN S, 2017. In the name of political possibility. In L. Meyer, and P. Sanklecha (Eds.), Climate justice and historical emissions: 198 – 218. Cambridge University Press.

KERSHNAR S, 2004. Justice for the past. State University of New York Press.

KEYS A, BROŽEK J, HENSCHEL A, et al., 1950. The biology of human starvation. University of Minnesota Press.

KINGSTON E, SINNOTT-ARMSTRONG W, 2018. What's wrong with joyguzzling?. In Ethical Theory and Moral Practice, 21 (1): 169 – 186.

KOLERS A, 2009. Land, conflict and justice. A political theory of territory. Cambridge University Press.

KOWARSCH M, GÖSELE A, 2012. Triangle of justice, In O. Edenhofer, J. Wallacher, H. Lotze-Campen, M. Reder, B. Knopf, and J. Müller (Eds.), Climate change, justice and sustainability: linking climate and development policy: 73 – 89. Springer.

KRAMER M H, 1998. Rights without trimmings. In M. H. Kramer, N. E. Simmonds, and H. Steiner (Eds.), A debate over rights: 7 – 111. Clarendon Press.

KUMAR R, 2003. Who can be wronged?. Philosophy and Public Affairs, 31: 98 – 118.

KUMAR R, SILVER D, 2004. The legacy of injustice. Wronging the future, responsibility for the past. In Meyer (2004a) (Ed.): 145 – 158.

KYMLICKA W, 1995. Multicultural citizenship. Clarendon Press.

KYMLICKA W, 1999. Theorizing indigenous rights [a review of Anaya (1996)]. University of Toronto Law Review, 49: 281 – 293.

LANE M, 2012. Eco-republic: what the ancients can teach us about ethics, virtue, and sustainable living. Princeton University Press.

LAWFORD-SMITH H, 2013. Understanding political feasibility. Journal of Political Philosophy, 21 (3): 243 – 259.

LLBERTO H, 2014. The exploitation solution to the non-identity problem. Philosophical Studies, 167: 73 – 88.

LINDAHL J F, GRACE D, 2015. The consequences of human actions on risks for infectious diseases: a review. Infection Ecology and Epidemiology.

LYONS D, 1977. The Newindian claims and original rights to land. Social Theory and Practice, 4: 249 – 272. Reprinted in J. Paul and R. Nozick (Eds.), Reading Nozick: Essays on anarchy, state, and utopia: 355 – 379. Rowman and Littlefield.

LYONS D, 2004a. Unfinished business: racial junctures in U. S. history and their legacy. In Meyer (2004a) (Ed.): 271 – 298.

LYONS D, 2004b. Corrective justice, equal opportunity, and the legacy of slavery and Jim Crow. Boston University Law Review, 84: 1375 – 1404. Reprinted in D. Lyons, Confronting injustice. moral history and political theory, 85 – 111. Oxford University Press.

MADHAV N, OPPENHEIM B, GALLIVAN M, et al., 2018. Pandemics: Risks, impacts, and mitigation. In D. T. Jamison, H. Gelband, S. Horton, et al. (Eds.), Disease control priorities: improving health and reducing poverty: 315 – 345. The World Bank.

MACKIE J L, 2011. Ethics: Inventing right and wrong. Penguin. (Original work published, 1977).

MACKLIN R, 1981. Can future generations correctly be said to have rights? In E. Partridge (Ed.), Responsibilities to future generations. Environmental ethics: 151 – 156. Prometheus Books.

MARGALIT A, 2002. The ethics of memory. Harvard University Press.

MARMOR A, 2003. The intrinsic quality of economic equality. InL. Meyer, S. L. Paulson, T. W. Pogge (Eds.), Rights, culture, and the law. Themes from the legal and political philosophy of Joseph Raz: 127 – 141. Oxford University Press,

MARMOR A, 2004. Entitlement toland and the right to return. An embarrassing challenge for liberal zionism. In Meyer (2004a) (Ed.): 319 – 333.

MAURITSEN T, Pincus R, 2017. Committed warming inferred from observations. Nat. Clim, 7: 652 – 655.

MAZOR J, 2010. Liberal justice, future people, and natural resource conservation. Philosophy and Public Affairs, 38: 380 – 408.

MCBRAYER J P, 2008. Rights, indirect harms and the non-identity problem. Bioethics, 22: 299 – 306.

MCKINNON C, 2017. Endangering humanity: an international crime?. Canadian Journal of Philosophy, 47: 395 – 415.

MCMAHAN J, 1981. Problems ofpopulation policy. Ethics, 92: 96 – 127.

MCMAHAN J, 1998. Wrongful life: Paradoxes in the morality of causing people to exist. In J. Coleman (Ed.), Rational commitment and social justice: Essays for Gregory Kavka: 208 – 247. Cambridge University Press.

MCMAHAN J, 2002. Theethics of killing: problems at the margins of life. Oxford University Press.

MCMAHAN J, 2009. Asymmetries in the morality of causing people to exist. In M. A. Roberts and D. T. Wasserman (Eds.), Harming future persons: Ethics, genetics and the nonidentity problem: 49 – 68. Springer.

MEACHAM C J G. 2012. Person-affecting views and saturating counterpart relations. Philosophical Studies, 158: 257 – 287.

MECKLING J, ALLAN B B, 2020. The evolution of ideas in global climate policy. Nat. Clim, 10: 434 – 438.

MEISELS T, 2003. Can corrective justice ground claims to territory?. Journal of Political Philosophy, 11: 65 – 88.

MEISELS T, 2009. Territorial rights. 2nd ed. Springer.

MEINSHAUSEN M, JEFFERY L, GUETSCHOW J, et al., 2015. National post – 2020 greenhouse gas targets and diversity-aware leadership. Nat. Clim, 5: 1098 – 1106.

MERKEL R, 2001. Früheuthanasie. Rechtsethische und strafrechtliche Grundlagen ärztlicher Entscheidungen über Leben und Tod in der Neonatalmedizin. Nomos.

MEYER L, 1997. More than they have a right to: Future people and our future oriented projects. In N. Fotion and J. C. Heller (Eds.), Contingent future persons. On the ethics of deciding who will live, or not, in the future: 137 – 156. Kluwer Academic Publishers.

MEYER L, 2003. Past and future. The case for a threshold conception of harm. In L. Meyer, S. L. Paulson, and T. W. Pogge (Eds.), Rights, culture, and the law. Themes from the legal and political philosophy of Joseph Raz. Oxford University Press.

MEYER L (Ed.),2004a. Justice in Time. Responding to Historical Injustice. Nomos.

MEYER L, 2004b. Historical injustice and the right to return. Theoretical Inquiries in Law, 5: 305 – 315; somewhat revised version reprinted in E. Benvenisti,

C. Gans, and S. Hanafi (Eds.) (2007), Israel and the Palestinian refugees: 295 – 306. Springer.

MEYER L, 2005. Historische gerechtigkeit. de Gruyter.

MEYER L, 2007. Historical injustice and the right to return. In E. Benvenisti, C. Gans, and S. Hanafi (Eds.) (2007), Israel and the Palestinian Refugees: 295 – 306. Springer.

MEYER L, 2009a. Intergenerationelle suffizienzgerechtigkeit. In N. Goldschmidt (Ed.), Generationengerechtigkeit: Ordnungsökonomische konzepte: 281 – 322. Mohr Siebeck.

MEYER L, 2009b. Sufficientarianism both international and intergenerational? In E. Mack, E. M. Schramm, S. Klasen, and T. Pogge (Eds.), Absolute poverty and global justice: 133 – 144. Ashgate.

MEYER L, 2013. Why historical emissions should count. Chicago Journal of International Law, 13 (2): 597 – 614.

MRYRT L, 2015. Die Grundstruktur als institutionelle Ausprägung von John Rawls' Gerechtigkeit als Fairness. In O. Höffe (Ed.), John Rawls. Politischer Liberalismus: 147 – 162. de Gruyter.

MEYER L, 2021. Climate justice, inherited benefits, and status quo expectations. In S. Kenehan and C. Katz (Eds.), Climate justice and feasibility: Principles of justice and real-world climate politics: 115 – 148. Rowman Littlefield International.

MEYER L, SANKLECHA P, 2011. Individual expectations and climate justice. Analyse and Kritik, 33 (2): 449 – 471.

MEYER L, SANKLECHA P, 2014. How legitimate expectations matter in climate justice. Politics, Philosophy and Economics, 13 (4): 369 – 393.

MEYER L, SANKLECHA P (Eds.), 2017a. Climate justice and historical emissions. Cambridge: Cambridge University Press.

MEYER L, SANKLECHA P, 2017b. Introduction: On the significance of historical emissions for climate ethics. In L. Meyer, and P. Sanklecha (Eds.), Climate justice and historical emissions: 1 – 21. Cambridge University Press.

MEYER L, STELZER H, 2018. Risk-averse sufficientarianism: the imposition of risks of rights-violations in the context of climate change. Ethical Perspectives, 25 (3): 447 – 470.

MEYER L, STEININGER K, SCHULEV-STEINDL E, et al., 2021. Legitimate expectations and Austria's transformation to a low-carbon society and economy, Final Report ACRP 10th Call for Proposals (Klimafonds-Nr: GZ B769951 "AC-RP10 – LEXAT – KR17AC0K13703").

MEYER L, PÖLZLER T, 2020. Basic needs and sufficiency: The foundations of intergenerational justice. In S. Gardiner (Eds.) (2021), Oxford Handbook of Intergenerational Ethics. Oxford University Press.

MEYER L, ROSER D, 2006. Distributive justice and climate change: the allocation of emission rights. Analyse and Kritik, 28 (2): 223 – 249.

MEYER L, ROSER D, 2009. Enough for the future. InGosseries and Meyer (2009): 219 – 248.

MEYER L, ROSER D, 2010. Climate justice and historical emissions. Critical Review of International Social and Political Philosophy, 13 (1): 229 – 253.

MEYER L, WALIGORE T, 2018. Die Aufhebungsthese. Grundlinien einer Theorie des gerechten Umgangs mit historischem Unrecht. In F. Dietrich, J. Müller-Salo, and R. Schmücker (Eds.), Zeit-eine normative Ressource?: 215 – 230. Klostermann.

MILL J S, 1859. On liberty. In J. M. Robson (Ed.) (1977), Collected works of John Stuart Mill, Vol. XVIII: Essays on politics and society part I. University of Toronto Press.

MILL J S, 1863. Utilitarianism. In J. M. Robson (Ed.) (1969), Collected works of John Stuart Mill, Vol. X: Essays on ethics, religion and society. University of Toronto Press.

MILLAR R J, FUGLESTVEDT J S, FRIEDLINGSTEIN P, et al., 2017. Emission budgets and pathways consistent with limiting warming to 1. 5 ℃. Nat. Geosci, 10: 741 – 747.

MILLER D, 2004. Holding nations responsible. Ethics.

MILLER D, 2007a. Human rights, basic needs, and scarcity (Working Paper Series, SJ007). Center for the Study of Social Justice and Department of Politics and International Relations, Oxford University.

MILLER D, 2007b. National responsibility and global justice. Oxford University Press.

MILLER D, 2011. Taking up the slack: Responsibility and justice in situations of partial complaince. In Knight, C., and Stemplowska, Z. (Eds.), Responsibility and distributive justice. Oxford University Press.

MILLER D, 2016. Strangers in our midst. Harvard University Press.

MILLER D, 2021. Justice. In E. N. Zalta (Ed.), The Stanford Encyclopedia of Philosophy. https：//plato. stanford. edu/archives/fall2021/entries/justice/(accessed 19 November 2021).

MILLER J, KUMAR R (Eds.), 2007. Reparations：interdisciplinary inquiries. Oxford University Press.

MINTZ-WOO K, 2019. Principled utility discounting under risk. Moral Philosophy and Politics, 6：89 – 112.

MINTZ-WOO K, 2020. A Philosopher's Guide to Discounting. In M. Budolfson, T. McPherson, and D. Plunkett (Eds.) (2021), Philosophy and Climate Change. Oxford University Press.

MISHAN E J, 1963. How to make a burden of the public debt. Journal of Political Economy, 71 (6)：529 – 542.

MOELLENDORF D, 2002. Cosmopolitan Justice. Westview.

MOELLENDORF D, 2014. The moral challenge of dangerous climate change：values, poverty, and policy. Cambridge University Press.

MORREIM E H, 1988. The concept of harm reconceived：a different look at wrongful life. Law and Philosophy, 7：3 – 33.

MORRIS C W, 1984. Existential limits to the rectification of past wrongs. American Philosophical Quarterly, 21：175 – 82.

MOSS J, KATH R, 2018. Justice and climate transitions. University of Tasmania Law Review, 37 (2)：70 – 94.

MÜLLER D B, LIU G, LØVIK A N, et al. , 2013. Carbon emissions of infrastructure development. Environmental Science and Technology, 47：11739 – 11746.

MULGAN T, 1999. The place of the dead in liberal political philosophy. Journal of Political Philosophy, 7：52 – 70.

MULGAN T, 2006. Future people. A moderate consequentialist account of our obligations to Future Generations. Clarendon Press.

MULGAN T, 2015. Utilitarianism for a broken world. Utilitas, 27：92 – 114.

MURPHY L, 2000. Moral demands in nonideal theory. Oxford University Press.

NAGEL T, 1979. Death. In T. Nagel, Mortal questions：1 – 10. Cambridge University Press.

NARVESON J, 1967. Utilitarianism and new generations. Mind, 76：62 – 72.

NARVESON J, 1973. Moral problems of population. Monist, 57：62 – 86.

NEFSKY J, 2019. Collective harm and the inefficacy problem. In Philosophy Compass 14 (4): 1 – 17.

NEGER C, PRETTENTHALER F, GÖSSLING S, et al. , 2021. Carbon intensity of tourism in Austria: estimates and policy implications. In Journal of Outdoor Recreation and Tourism, 33: 1 – 8.

NINE C, 2008. Superseding historic injustice and territorial Rights. Critical Review of International Social and Political Philosophy, 11: 79 – 87.

NINE C, 2010. Ecological refugees, states borders, and the Lockean Proviso. Journal of Applied Philosophy, 27: 359 – 375.

NINO C S, 1996. Radical evil on trial. Yale University Press.

NIELSEN L, 2016. Sufficiency grounded as sufficiently free: a reply to Shlomi Segall. Journal of Applied Philosophy, 33 (2): 202 – 216.

NOLT J, 2011. How harmful are the average American's greenhouse gas emissions?. In Ethics, Policy and Environment, 14 (1): 3 – 10.

NOZICK R, 1974. Anarchy, state, and utopia. Blackwell.

NOZICK R, 1993. The nature of rationality. Princeton University Press.

NUSSBAUM M, 1990. Aristotelian social democracy. In B. Douglass, G. Mara, and H. Richardson (Eds.), Liberalism and the good: 203 – 252. Routledge.

NUSSBAUM M, 2000. Aristotle, politics, and human capabilities. Ethics, 111: 102 – 140.

NUSSBAUM M, 2006. Frontiers of justice: disability, nationality, species membership. Harvard University Press.

OBERDIEK J, 2012. The moral significance of risking. Legal Theory, 18: 339 – 356.

ODENBAUGH J, 2011. This American life. Ethics, Policy and Environment, 14 (1), 27 – 29.

ORD T, 2020. The precipice: existential risk and the future of humanity. Hachette Books.

Organisation for Economic Co-operation and Development, 1973. Performance compendium—Consolidated results of analytical work on economic and social performanceof developing countries.

ORTNER F, PÖLZLER T, MEYER L, et al. , 2017. Natural hazards and the normative significance of expectations in protecting alpine communities. In European Geosciences Union (Ed.) (2017), Geophysical research abstracts: Abstracts of the European Geosciences Union General assembly. Copernicus.

OSTERHOLM M T, 2005. Preparing for the next pandemic. Foreign Affairs, 84 (4): 24 – 37.

PAGE E, 2006. Climate change, justice and future generations. Edward Elgar.

PAGE E, 2007a. Justice between generations: investigating a sufficientarian approach. Journal of Global Ethics, 3: 3 – 20.

PAGE E, 2007b. Intergenerational justice of what: welfare, resources or capabilities. Environmental Politics, 16: 453 – 469.

PAGE E, 2008. Three problems of intergenerational justice. Intergenerational Justice Review: 19 – 12.

PAGE E, 2012. Give it up for climate change: a defence of the beneficiary pays principle. Int. Theory, 4: 300 – 330.

PARFIT D, 1976. On doing the best for our children. In M. D. Bayles (Ed.), Ethics and Population: 100 – 115. Schenkman.

PARFIT D, 1984. Reasons and persons. Clarendon Press.

PARFIT D, 1997. Equality and priority. Ratio, 10: 202 – 221.

PARFIT D, 2011. On what matters (volumes 1 and 2). Clarendon Press.

PARFIT D, 2017. Future people, the non-identity problem, and person-affecting principles. Philosophy and Public Affairs, 45: 118 – 157.

PARSONS J, 2002. Axiological actualism. Australasian Journal of Philosophy, 80: 137 – 147.

PARTRIDGE E (Ed.), 1981. Posthumous interests and posthumous respect. Ethics, 91: 243 – 264.

PARTRIDGE E (Ed.), 1990. On the rights of future people. In D. Scherer (Ed.), Upstream/ Downstream. Issues in Environmental Ethics: 40 – 66. Temple University.

PATTERSON J, THALER T, HOFFMANN M, et al. , 2018. Political feasibility of 1. 5℃ societal transformations: the role of social justice. Current Opinion in Environmental Sustainability, 31: 1 – 9.

PATTON P, 2004. Colonization and historical injustice. The Australian Experience. In Meyer (2004a) (Ed.): 159 – 172.

PATTON P, 2005. Historic injustice and the possibility of supersession. Journal of Intercultural Studies, 26: 255 – 266.

PAN X, TENG F, TIAN Y, et al. , 2015. Countries' emission allowances towards the low-carbon world: a consistent study. Appl. Energy, 155: 218 – 228.

PAN X, TENG F, WANG G, 2014. A comparison of carbon allocation schemes: on the equity-efficiency tradeoff. Energy, 74: 222 – 229.

PAUW P, MBEVA K, VAN ASSELT H, 2019. Subtle differentiation of countries' responsibilities under the Paris Agreement. Palgrave Commun, 5: 1 – 7.

PERRY S, 2014. Torts, rights, and risk. In J. Oberdiek (Ed.), Philosophical Foundations of the Law of Torts: 38 – 64. Oxford University Press.

PETZ D, 2018. Protecting the future: capability sufficientarianism as a theory of intergenerational justice in the context of climate change [Unpublished doctoral dissertation]. University of Graz.

PIGOU A C, 1920. The economics of welfare. Macmillan.

PIKE J, BOGICH T, ELWOOD S, et al., 2014. Economic optimization of a global strategy to address the pandemic threat. Proceedings of the National Academy of Sciences, 111 (52): 18519 – 18523.

POGGE T, 1989. Realizing Rawls. Cornell University Press.

POGGE T, 1994. An egalitarian law of peoples. Philosophy and Public Affairs, 23: 195 – 224.

POGGE T, 2002. World poverty and human rights, 1st ed. Polity Press.

POGGE T, 2003. "Assisting" the global poor. In D. K. Chatterjee (Ed.), The Ethics of Assistance: Morality and the Distant Needy: 260 – 288. Cambridge University Press.

PÖLZLER T, 2018. Moral reality and the empirical sciences. Routledge.

POSNER E A, WEISBACH D, 2010. Climate change justice. Princeton University Press.

QUIST K, VERAART W, 2009. The Soviet Uniondid not have a legal justice system. Netherlands Journal of Legal Philosophy, 27: 359 – 375.

RAILTON P, 1986. Moral realism. Philosophical Review, 95 (2): 163 – 207.

RAJAMANI L, 2000. The principle of common but differentiated responsibility and the balance of commitments under the climate regime. Rev. Eur. Community Int. Environ. Law, 9: 120 – 131.

RAMSEY F P, 1928. A mathematical theory of savings. The Economic Journal, 38 (152): 543 – 559.

RAWLS J, 1971. A theory of justice. Oxford University Press.

RAWLS J, 1951. Outline of a decision procedure for ethics. Philosophical Review,

60 (2): 177 - 197.

RAWLS J, 1993. Political liberalism. Columbia University Press.

RAWLS J, 1999a. The law of peoples. Harvard University Press.

RAWLS J, 1999b. A theory of justice (revised edition). Harvard University Press.

RAWLS J, 2001. Justice as fairness: a restatement. Harvard University Press.

RAWLS J, 2005. Political liberalism. Expanded ed. Columbia University Press.

RAZ J, 1979. The authority of law. Oxford University Press.

RAZ J, 1986. The morality of freedom. Clarendon Press.

RAZ J, 1994. Ethics in the public domain. Essays in the morality of law and politics. Clarendon Press.

RAZ J, 2001. Value, respect, and attachment. Cambridge University Press.

RAZ J, 2003. Responses. In L. Meyer, S. L. Paulson, and T. W. Pogge (Eds.), Rights, culture, and the law. Themes from the legal and political philosophy of Joseph Raz: 253 - 273. Oxford University Press.

READER S, 2007. Needs and moral necessity. Routledge.

READER S, BROCK G, 2004. Needs, moral demands and moral theory. Utilitas, 16 (3): 251 - 266.

REIMAN J, 2007. Being fair to future people: the non-identity problem in the original position. Philosophy and Public Affairs, 35: 69 - 92.

RIVERA-LÓPEZ E, 2009. Individual procreative responsibility and the non-identity problem. Pacific Philosophical Quarterly, 90: 336 - 363.

ROBERST M A, 1998. Child versus childmaker. Future Persons and Present Duties in Ethics and the Law. Rowman and Littlefield.

ROBERTS M A, 2009. What is the wrong of wrongful disability? From chance to choice to harms to persons. Law and Philosophy, 28: 1 - 57.

ROBERTS M A, 2013. Nonidentity problem. In H. LaFollette (Ed.), The International Encyclopedia of Ethics: 3634 - 3641. Wiley-Blackwell.

ROEMER J E, 2004. Eclectic distributional ethics. Politics, Philosophy, and Economics, 3: 267 - 281.

ROEMER J, SUZUMURA K (Eds.), 2007. Intergenerational equity and sustainability. Palgrave.

RUBEN D H, 1988. A puzzle about posthumous predication. Philosophical Review, 97: 211 - 236.

RYBERG J, TÄNNSJÖ T (Eds.), 2004. The repugnant conclusion. Essays on

Population Ethics. Kluwer.

ROBIOU DU PONT Y, JEFFERY M L, GÜTSCHOW J, et al. , 2017. Equitable mitigation to achieve the Paris Agreement goals. Nat. Clim, 7: 38 – 43.

ROBIOU DU PONT Y, MEINSHAUSEN M, 2018. Warming assessment of the bottom-up Paris Agreement emissions pledges. Nat. Commun, 9: 4810.

ROBINE J M, et al. , 2008. Death toll exceeded 70, 000 in Europe during the summer of 2003. C. R. Biologies, 331: 171 – 178.

ROCKSTRÖM J, GAFFNEY O, ROGELJ J, et al. , 2017. A roadmap for rapid decarbonization. Science, 355: 1269 – 1271.

ROGELJ J, FORSTER P M, KRIEGLER E, et al. , 2019. Estimating and tracking the remaining carbon budget for stringent climate targets. Nature, 571: 335 – 342.

ROGELJ J, SCHAEFFER M, FRIEDLINGSTEIN, P, et al. , 2016. Differences between carbon budget estimates unravelled. Nat. Clim, 6: 245 – 252.

ROGELJ J, SHINDELL D, JIANG K, et al. , 2018. Mitigation pathways compatible with 1. 5℃ in the context of sustainable development. In V. Masson-Delmotte, P. Zhai, H. Pörtner, Roberts, J. Skea, P. R. Shukla, A. Pirani, W, Moufouma-Okia, C, Péan, Pidcock, S. Connors, J. B. R. Matthews, Y. Chen, X. Zhou, M. I. Gomis, Lonnoy, T. Maycock, M. Tignor, and T. Waterfield (Eds.), Global warming of 1. 5℃. An IPCC special report on the impacts of global warming of 1. 5℃ above pre-industrial levels and related global greenhouse gas emission pathways, in the context of strengthening the global response to the threat of climate change, sustainable development, and efforts to eradicate poverty.

SAMSET B H, FUGLESTVEDT J S, LUND M T, 2020. Delayed emergence of a global temperature response after emission mitigation. Nature Communications (11): 3261.

SANDERSON D, 2011. Against Supersession. Canadian Journal of Law and Jurisprudence, 24: 155 – 182.

SANKLECHA P, 2017a. Our obligations to future generations: the limits of intergenerational justice and the necessity of the ethics of metaphysics. Canadian Journal of Philosophy, 47: 229 – 245.

SANKLECHA P, 2017b. Should there be future people? A fundamental question for climate change and intergenerational justice. WIREs Climate Change, 8: 1 – 11.

SCANLON T M, 1998. What we owe to each other. Harvard University Press.

SCANLON T M, 2005. When does quality matter? In J. Nida-Rümelin and W. Thierse (Eds.), Political Equality / Politische Gleichheit: 109 – 125. Klartext Verlagsgesellschaft.

SCANLON T M, 2008. Moral dimensions: permissibility, meaning, blame. Harvard University Press.

SCANLON T M, 2015. Forms and conditions of responsibilityIn Clarke, R., McKenna, M., and Smith, A. M. (Eds.), The nature of moral responsibility: New essays: 89 – 111. Oxford University Press.

SCANLON T M, 2018. Why does inequality matter?. Oxford University Press.

SCARRE G, 2014. Lest we forget: how and why we should remember the Great War. Ethical Perspectives, 21: 321 – 344.

SCHEFFLER S, 2013. Death and the afterlife. Oxford University Press.

SCHÖNE-SEIFERT B, KRÜGER L, 1993. Humangenetik heute: umstrittene ethische Grundfragen. In Schöne-Seifert and Krüger (Eds.), Humangenetik—Ethische Probleme der Beratung, Diagnostik und Forschung: 253 – 289. Gustav Fischer.

SCHOPENHAUER A, 1851. Parerga und Paralipomena, Bde 1 and 2. A. W. Hayn.

SCHUESSLER R, 2017. A luck-based moral defense of grandfathering. In L. Meyer, and P. Sanklecha (Eds.), Climate justice and historical emissions: 141 – 164. Cambridge University Press.

SCHWARTZ T, 1978. Obligations to posterity. In R. I. Sikora and B. Barry (Eds.), Obligations to Future Generations: 3 – 13. Temple University Press.

SEN A, 1977. Rational fools. A critique of the behavioral foundations of economic theory. Philosophy and Public Affairs, 6 (4): 317 – 344.

SEN A, 1982. Rights and agency. Philosophy and Public Affairs, 11: 3 – 39.

SEN A, 1984. Resources, values, and development. Harvard University Press.

SEN A, 1992. Inequality re-examined. Clarendon Press.

SEN A, 1999. Development as freedom. Oxford University Press.

SEN A, 2002. Rationality and freedom. Belknap Press.

SEN A, 2003. Development as capability expansion. In S. Fukuda-Parr and K. Shiva (Eds.), Readings inhuman development: 3 – 16. Oxford University Press.

SEN A, 2013. The ends and means of sustainability. Journal of Human Development and Capabilities, 14 (1): 6 – 20.

SHER G, 1979. Compensation and transworld personal identity. Monist, 62 (3): 378 – 391.

SHER G, 1981. Ancient wrongs and modern rights. Philosophy and Public Affairs, 1: 3 – 17.

SHER G, 2005. Transgenerational compensation. Philosophy and Public Affairs, 33: 181 – 201.

SHER G, 2014. Equality for Inegalitarians. Cambridge University Press.

SHIELDS L, 2012. The prospects for sufficientarianism. Utilitas, 24: 101 – 117.

SHIELDS L, 2016. Just enough: sufficiency as a demand of justice. Edinburgh University Press.

SHIELDS L, 2017. Reply to critics. Law, Ethics and Philosophy, 5: 210 – 230.

SHIFFRIN S, 1999. Wrongful life, procreative responsibility, and the significance of harm. Legal Theory 5 (2): 117 – 148.

SHUE H, 1993. Subsistence emissions and luxury emissions. Law and Policy, 15 (1): 39 – 60.

SHUE H, 2015. Historical responsibility, harm prohibition, and preservation requirement: core practical convergence on climate change. Moral Philos. Polit. 2.

SINNOTT-ARMSTRONG W, 2005. It's not my fault: global warming and individual moral obligations, In W. Sinnott-Armstrong, and R. B. Howarth. (Eds.), Perspectives on climate change: Science, economics, politics and ethics. Advances in the Economics of Environmental Resources 5: 285 – 307. Elsevier.

SIDGWICK H, 1907. The methods of ethics, 7th edition (1981). Hackett.

SIMMONS A J, 1995. Historical rights and fair shares. Law and Philosophy, 12: 149 – 184.

SINGER P, 1979. Practical ethics. Cambridge University Press.

SINGER P, 1994. An essay on rights. Blackwell Publishers.

SINGER P, 1998. Possible preferences. In C. Fehige and U. Wessels (Eds.), Preferences: 383 – 398. De Gruyter.

SINGER P, 2002. One World. Yale University Press.

SINGER P, 2003. Equality, incommensurability and rights. In L. Meyer, S. L. Paulson, and T. W. Pogge (Eds.), Rights, culture, and the law. Themes from the legal and political philosophy of Joseph Raz, 119 – 126. Oxford University Press.

SINGER P, 2004. One world: Ethics of globalisation, 2nd ed. Orient Blackswan.

SOYINKA W, 1999. The burden of memory, the muse of forgiveness. Oxford University Press.

STEG L, VLEK C, 2009. Encouraging pro-environmental behaviour: an integrative review and research agenda. Journal of Environmental Psychology, 29: 309 – 317.

STEINER H, 1983. The rights of future generations. In P. G. Brown and D. MacLean (Eds.), Energy and the Future: 151 – 165. Rowman and Littlefield.

STEININGER K W, LININGER C, MEYER L, et al., 2016. Multiple carbon accounting to support just and effective climate policies. Nat. Clim, 6: 35 – 41.

STEININGER K W, MEYER L, NABERNEGG S, et al., 2020. Sectoral carbon budgets as an evaluation framework for the built environment. Build. Cities, 1: 337 – 360.

STEMPLOWSKA Z, 2016. Doing more than one's fair share. Critical Review of International Social and Political Philosophy, 19 (5): 591 – 608.

STEMPLOWSKA Z, 2019. Coercing compliers to do more than one's fair share. Z. Für Ethik Moralphilosophie, 2: 147 – 160.

STOCKER T F, 2013. The closing door of climate targets. Science, 339: 280 – 282.

TAN K C, 2007. Colonialism, reparations and global justice. In J. Miller and R. Kumar (Eds.), Reparations. Interdisciplinary inquiries: 280 – 306. Oxford University Press.

TEMKIN L, 2012. Rethinking the good: moral ideals and the nature of practical reasoning. Oxford University Press.

The White House, 2020. Remarks by President Trump, vice President Pence, and members of the coronavirus task force in press briefing. Washington.

THOMPSON J, 1990. Land rights and aboriginal sovereignty. Australasian Journal of Philosophy, 68: 313 – 329.

THOMPSON J, 2002. Taking responsibility for the past. Reparation and historical Injustice. Polity.

THOMPSON J, 2009. Identity and obligation in a transgenerational polity. In Gosseries and Meyer (2009): 25 – 49.

THOMPSON J, 2017. Historical responsibility and climate change. In L. Meyer, and P. Sanklecha (Eds.), Climate justice and historical emissions: 46 – 60. Cambridge University Press.

THOMSON G, 2005. Fundamental needs. Royal Institute of Philosophy Supplement, 80 (57): 175 – 186.

TIEDEMANN R, 1983. Dialektik im Stillstand. Versuche zum Spätwerk Walter Benjamins. Suhrkamp.

TOLLEFSON J, 2020. Why deforestation and extinctions make pandemics morelikely. Nature, 584 (7820): 175 – 176.

Umweltbundesamt Deutschland, 2022. Umwelttipps für den Alltag. Online https: // www. umweltbundesamt. de/umwelttipps-fuer-den-alltag/garten-freizeit/urlaub-sreisen#gewusst-wie (viewed on 08. 07. 2022).

United Nations, Department of Economic and Social Affairs, Population Division, 2019. World Population Prospects 2019. 1. Accessed March 3, 2020.

United Nations Environment Programme, 2020. Preventing the next pandemic: Zoonotic diseases and how to break the chain of transmission. UNEP (The United Nations Environment Programme).

UNFCCC (United Nations Framework Convention on Climate Change), 2015a. The Paris Agreement, online https: //unfccc. int/sites/default/files/english_ paris_ agreement. pdf (viewed on 08. 07. 2022).

UNFCCC (United Nations Framework Convention on Climate Change), 2015b. Adoption of the Paris Agreement (No. FCCC/CP/2015/L. 9/Rev. 1).

UNFCCC (United Nations Framework Convention on Climate Change). 2015c. "The Paris Agreement". http: //unfccc. int/paris_ agreement/items/9485. php.

United Nations Population Fund, 2007. State of world population 2007 (UNFPA 2007). http: //www. unfpa. org/swp/swpmain. htm (visited Oct 25, 2012).

United Nations Population Fund, 2014. State of world population. Accessed March 3, 2020.

VAN ACKEREN M, DERPMANN S, 2019. Introduction to the special issue on de-mandingness in practice. Moral Philosophy and Politics, 6 (1): 1 –8.

VANDERHEIDEN S, 2016. Justice and democracy in climate change governance. Taiwan Human Rights Journal, 3 (1): 3 –24.

WALDRON J, 1992a. Historic injustice: its remembrance and supersession. In G. Oddie and R. W. Perrett (Eds.), Justice, Ethics, and New Zealand Society: 139 – 170. Oxford University Press.

WALDRON J, 1992b. Superseding historic injustice. Ethics, 103: 4 –28.

WALDRON J, 2002. Redressing historic injustice. University of Toronto Law Journal, 52: 135 – 160.

WALDRON J, 2003. Indigeniety? firstpeoples and last occupancy?. New Zealand Journal of Public International Law , 1: 55 –82.

WALDRON J, 2004a. Redressinghistorical injustice. In Meyer (2004a) (Ed.):

55 – 77.

WALDRON J, 2004b. Settlement, return, and the supersession thesis. Theoretical Inquiries in Law, 5: 237 – 268.

WALDRON J, 2005. Nozick and Locke: filling the space of rights. Social Philosophy and Policy Foundation, 22 (1): 81 – 110.

WALDRON J, 2006a. Thehalf-life of treaties: waitangi, rebus sic stantibus. Otago Law Review, 11: 161 – 182.

WALDRON J, 2006b. Supersession andsovereignty. NYU School of Law, Public Law Research Paper, No. 13 – 33.

WALDRON J, 2007. Why is indigeneity important? In J. Miller and R. Kumar (Eds.), Reparations: Interdisciplinary inquiries: 23 – 42. Oxford University Press.

WALIGORE T, 2009. Cosmopolitan right, indigenous peoples, the risks of cultural interaction?. Public Reason, 1: 27 – 56.

WALIGORE T, 2016. Rawls, self-respect, and assurance. How past injustice changes what counts as justice. Politics, Philosophy and Economics, 15: 42 – 66.

WALIGORE T, 2017. Legitimateexpectations, historical injustice, and perverse incentives for settlers. Moral Philosophy and Politics, 4: 207 – 228.

WALIGORE T, 2018. Redress forcolonial injustice: structural injustice and the relevance of history. Global Justice, 11: 15 – 28.

WALLIMANN-HELMER I, MEYER L, BURGER P, 2016. Democracy for the future: a conceptual framework to assess institutional reform. Jahrbuch fuer Wissenschaft und Ethik, 21: 197 – 220.

WALLIMANN-HELMER I, MEYER L, MINTZ-WOO K, et al., 2019. The ethical challenges in the context of climate loss and damage: Concepts, methods and policy options. In Mechler, R., et al. (Ed.), Loss and damage from climate change: Concepts, methods and policy options: 39 – 62. Springer.

WATENE K, 2013. Nussbaum's capability approach and future generations. Journal of Human Development and Capabilities, 14 (1): 21 – 39.

WATTS N, 2019. The 2019 report of The Lancet Countdown on health and climate change: ensuring that the health of a child born today is not defined by a changing climate. Lancet, 394: 1836 – 1878.

WEISBACH D, 2016. The problems with climate ethics. In S, M. Gardiner and D. Weisbach (Eds.), Debating Climate Ethics: 134 – 243. Oxford University

Press.

WELLMAN C, 1995. Real rights. Oxford University Press.

WENAR L, 2006. Reparations for the Future. Journal of Social Philosophy, 37: 396 – 405.

WESCHLER L, 1990. A miracle, a universe: settling accounts with torturers. University of Chicago Press.

WIDERQUIST K, 2010. How the sufficiency minimum becomes a social maximum. Utilitas, 22 (4): 474 – 480.

WIGGINS D, 1998. Claims of need. In D. Wiggins (Ed.), Needs, values, truth: Essays in the philosophy of value: 1 – 58. Blackwell.

WIGGINS D, Dermen S, 1987. Needs, need, needing. J. Med. Ethics 13: 62 – 68.

WILLIAMS N J, HARRIS J, 2014. What is the harm in harmful conception? on threshold harms in non-identity cases. Theoretical Medicine and Bioethics, 35: 337 – 351.

WILLIAMS B, 1973. A critique of utilitarianism. In J. Smart and B. Williams (Eds.), Utilitarianism for and against: 80 – 150. Cambridge University Press.

WILLIGES K, MEYER L, STEININGER K, et al., 2022. Fairness critically conditions the carbon budget allocation across countries. Global Environmental Change, 74: 102481.

WINTER J, 1995. Sites of memory, sites of mourning: the Great War in European cultural history. Cambridge University Press.

WOODWARD J, 1986. The non-identity problem. Ethics, 96: 804 – 831.

WOODWARD J, 1987. Reply to Parfit. Ethics, 97: 800 – 817.

WOOLLARD F, 2012. Have we solved the non-identity problem. Ethical Theory and Moral Practice, 15: 677 – 690.

WRIGLEY A, 2012. Harm to future persons: non-identity problems and counterpart solutions. Ethical Theory and Moral Practice, 15: 175 – 190.

World Bank, 2018. World development indicators database [WWW Document]. URL http: //data. worldbank. org (accessed 2. 19. 18).

WOLF C, 2009. Intergenerational justice, human needs, and climate policy. InGosseries and Meyer (2009): 347 – 376.

Working Group I to the First Assessment Report of the Intergovernmental Panel on Climate Change, 1990. Climate change: The IPCC scientific assessment. Cambridge University Press.

World Health Organization (WHO), 2018. Annual review of diseases prioritized under the research and development blueprint informal consultation. Meeting Report.

Xu Y, RAMANATHAN V, 2017. Well below 2 ℃: mitigation strategies for avoiding dangerous to catastrophic climate changes. Proc. Natl. Acad. Sci, 114: 10315 – 10323.

YOUNG J E, 1989. The texture of memory: holocaust memorials and meaning. In Remembering for the future, (Volume 1: Jews and christians during and after the Holocaust): 1799 – 1811. Pergamon Press.

译 后 记

本书作者麦尔（Lukas Meyer）教授是一位具有较多国际文化背景和丰富国际工作经验的学者。他于 1985 年在德国的图宾根大学（Universität Tübingen）完成本科学业，1987 年在美国密苏里州的华盛顿大学（Washington University in St. Louis）获得哲学硕士学位，1996 年在牛津大学获得哲学博士学位；他的博士生导师为当代著名的政治哲学家拉兹（Joseph Raz, 1939—2022 年），论文题目为《拓展自由主义的政治哲学：国际与代际关系》。1987—2002 年，麦尔教授先后游学和工作于耶鲁大学法学院（交换生）、柏林自由大学（讲师）、牛津大学贝利奥尔学院（访问学者）、哈佛大学（访问学者）、哥伦比亚大学（访问学者）等著名学府。2003 年，他在德国不莱梅大学（University of Bremen）通过教授资格论文。此后，他先后工作于德国洪堡的神学与和平研究所（2003—2004）、英国的基尔大学（University of Keele）和瑞士的伯尔尼大学（University of Bern）。2009 年，麦尔教授加盟奥地利的格拉茨大学（University of Graz），先后担任格拉茨大学哲学系主任（2009—2013、2017—2019），人文学院副院长（2011—2013）、院长（2013—2017），哲学研究所副所长（2013—2017）、所长（2021—2023）等职。麦尔教授还于 2018 年在复旦大学哲学学院做过访问学者。

麦尔教授的研究领域包括哲学、伦理学、政治哲学等，他在代际正义、气候伦理、历史正义等主题的研究成果在国际学术界产生了较大的影响。他同时用德文与英文写作，在 *Critical Review of International Social and Political Philosophy*、*Journal of Social Philosophy*、*Politics, Philosophy & Economics*、*Journal of Moral Philosophy and Politics*、*Analyse & Kritik：Zeitschrift fuer Sozialtheorie* 等英文和德文杂志上发表论文 200 多篇，是斯坦福哲学百科全书"代际正义"字条的撰写者。麦尔教授出版的著作有《历史正义》（德文，2005）、《合法性、正义与国际公法》（英文，2009）、《代际正义》（英文，2012）、《气候变化与历史排放》（英文，2017）等。

《气候正义：理论基础与实践应用》（*Climate Justice：Theoretical Foundations and Practical Applications*）是麦尔教授撰写的一部探讨气候正义的理论与实践应

用的学术著作。本书以气候正义为关注焦点，同时涉及了与温室气体减排有关的许多重要伦理问题。

本书的内容大致包括三个主题或三个板块。第1章（第一板块）讨论的是，作为个体的公民在温室气体减排方面所负有的道德责任。第2、3、4、6章（第二板块）探讨的是与温室气体减排有关的代际正义问题。第2章从哲学的高度系统论证了代际正义的可能性及其伦理基础。第3章分析并确认了代际正义的指标。第4章从实践可行性的角度证明了，在协商和制定国际气候协定时，把历史排放考虑进来是实现代际气候正义与国际气候正义的必然要求。第6章批判性地分析了气候正义中的祖父原则之合理性及其限度，从代际气候正义的角度证明了，历史上的高排放国家应当承担更多减排责任，主动改变其国民的高消费生活方式，以适应随着温室气体排放份额的降低所带来的生活方式的变化。第5、7章（第三板块）探讨的主要是国际气候正义问题，尤其是以何种原则、何种方式来分配全球范围的温室气体排放份额的问题。从国际学术标准的角度看，本书最大的理论贡献是系统而全面地探讨了代际气候正义的伦理基础及其基本原则。对代际气候正义标准的分析和讨论是本书最具特色的理论贡献。

自1992年《联合国气候变化框架公约》签署以来，国际社会已经为减缓和适应全球气候变暖做了30多年的治理努力。然而，根据多个权威机构的评估，《巴黎协定》签订以来的全球气候治理进展缓慢，各国为减排做出的努力还远远达不到《巴黎协定》所期待的目标。IPCC 2023年3月发布的第六次综合评估报告指出，工业革命以来，地球上的温度持续上升；2020年，地球的表面温度比工业革命开始时升高了1.1℃。1990年以来，人类排放的温室气体也持续增加；2019年，全球排放的温室气体比1990年增加了54%，比2010年增加了12%。据2020年的国家自主贡献统计，依据目前的排放趋势，到2030年，全球温升将超过1.5℃。根据2023年11月联合国环境规划署发布的《2023年排放差距报告：打破纪录——气温创下新高，世界未能到达减排目标》，2022年，全球温室气体排放总量比2021年增加了1.2%，创下了574亿吨的历史新高；要实现2030年把温升控制在1.5℃～2.0℃内的目标，国际社会需要在未来7年减少28%～42%的温室气体排放。如果延续当前的政策，到2035年，全球温室气体排放量的缺口将达到560亿吨，而在21世纪末能够把全球温升控制在3℃内的概率也只有66%。清华大学2023年9月发布的《2023年全球碳中和年度进展报告》亦指出，截至2023年9月，尽管已有150多个国家（涵盖了全球80%以上的二氧化碳排放量、GDP和人口）做出了碳中和承诺，"但是目前各国际知名机构针对各国碳中和承诺和行动展开的普遍追踪指出，当前的碳中和雄心并不足以支撑1.5℃目标的实现。"由此可见，国际社会减缓与适应全球气候变暖的努力仍然面临着巨大的挑战。但愿本书的出版能够有助于我国读者更好地认识和理解全球气候变化问题的伦理维度，为国际社会应对全球气候变暖的决策和行动积蓄更多的伦理共识和道德动力。

本书的翻译分工如下：杨通进（第1、3章），董子涵（第2、5、6、7章），杨通进、董子涵（第4章）。杨通进最后对全书进行了统一校对。

麦尔教授为本书的翻译提供了诸多帮助，尤其是耐心地解答了我们在翻译过程中遇到的各种难题。格拉茨大学人文学院的 Kanita Kovacevic 女士承担了与本书有关的国际版权事务。暨南大学出版社的曾小利女士从2021年起就开始承担了与本书的选题、签约、出版相关的各项事务，一直在推动本书的出版进程。在此，谨向麦尔教授、Kanita Kovacevic 女士、曾小利女士表示衷心的感谢。

杨通进

2024 年 5 月于广西大学